アメリカビジネス28年

American Business
28 years

私の仕事
こんなことも
あった

In my business, this happened

髙橋紹明

TAKAHASHI
Tsuguaki

文芸社

はじめに

　ちょうどバブルがはじけた頃の1991年5月のことです。私の働く、建築設備や産業設備の付帯断熱工事の小さな会社が、何を血迷ったかアメリカのオレゴン州ポートランド市郊外にある、金属加工業で従業員40〜50人の町工場を買収し、経営を始めることになったのです。

　我が社はそもそも、海外投資に対する検討も、金属加工業や製造業の経験もありませんでした。それがなぜそんなことになったのかというと、ただ単に得意先企業が同地区に進出したのに対応して、その下請金属加工業者として業務の幅を広げたいという社長の考えで決めたという、当時の会社経営者の一般的な行動様式による摩訶不思議な意思決定によるものでした。

　私が働いていた会社は、元は昭和28年に設立された、岩綿（ロックウール）の下請け製造会社です。その販路拡大のために必然的に、岩綿を使用する断熱、防音、耐火工事をも手掛けるようになり、やがて社会情勢の変化に応じて工事専業業者に転換した、従業員数30余名、売上高30億円程度の建設業の典型的な最末端下請け企業でした。幸いなことに、岩綿納入、工事業者として大手企業との取引があったため存在し続けられていました。この間、業容の拡大は垂直方向ではなく水平方向に行われ、顧客の応援を受けながら、より顧客に近いところの業務が主体となる異業種に参入し、小さいながらも4社からなるグループ会社として着実に運営されていました。

そしてバブルがはじけ、業績もマンネリ感が強まる中、得意先の海外進出にくっついて海外進出するということの判断の中には、この「事業の業態による差」があったのではないかと私は推察しています。言うなれば"小判ザメ"のごとく、強いものに張り付いていかないと最末端の下請工事業者はもはや生きていけない時代が来たというわけです。このヒエラルキー階層制度の階段を1歩も2歩も上がらないことには生きていけない時代ならば、「その階段を上ろう」と張り付いていった、というのが正確な表現ではないかと思います。

　昨今の「人手不足」も、単に人々の「そんな環境の中では働きたくない」という否定的要素が原因で、決して経済が拡大し、繁栄を享受している結果ではないと思います。これは、政治家や経済界のリーダーが考えるべき喫緊の課題ではないでしょうか。

　さて、そのアメリカの町工場には、"無能で役立たず"という人物・能力評価が定着していた私が、社長として赴任させられることになりました。

　そんな状況で始まってしまいましたが、とにかくどうにかしなければなりません。何も特別な知恵のない私は、ここで「自分の常識」に従って行動することになりました。それはすなわち、「徹底した公私のけじめと業務の数値化」をビジネスの基本に据えようと考えたのです。

「徹底した公私のけじめ」は、本来はビジネスモデルにはならない倫理的な要素です。しかしながら、私の些少なアメリカ経験と、零細企業で働く人々のメンタリティとを考え合わせると、この項目こそが、特に経営陣の対応こそが「もっとも重要なビジネスモ

デルである」と、私は日頃から確信を抱いていたのです。

　この倫理的な要素と、さらに業務の数値化による透明性の確保が、"だめ人間"と称される人たちを本来の自然な人間にするという確信もありました。

　従業員たちが、「分に応じて幸せになれる（誰でも幸せになれる）」というフィーリングを持てるか持てないかが、この会社経営の成功への鍵になると考えたのです。

目次

第1章

新しい会社のスタート

何も分からないところからの出発

　アメリカ・オレゴン州ポートランド市郊外にあるこの小さな会社は、従業員40余名、年間売上1億5000万円ほどの、金属加工と鉄鋼加工を専門とする、社歴10年ほどの典型的な同族零細企業でした。設備といえばターレットパンチ（打ち抜き加工機）が1台、レーザー加工機（レーザーによる切断機）が1台、プレス加工機（折曲げ加工機）が3台、シアリング（材料裁断機）が2台、それに溶接機、粉体塗装システム一式、というごく普通の町の鉄工場です。

　この会社は、私どもの日本における得意先会社のアメリカ法人が大きな客先でした。私にとってはとんだキュピッドもいいところでしたが、社長にすれば、「何でもいい。得意先にべったりとくっついて小判ザメのように生きる」ことがビジネスと考えていたのでしょう。

　1991年5月から、この会社の運営は私を社長として開始されました。どう運営していくかという基本的な考え方は決めてはいましたが、毎日の試行錯誤の連続が始まったのです。

　最初にしたこと、それは観察です。金属加工という仕事がどう動いていくのか、仕事の発生から納品までの流れを知ることに神経を集中するとともに、社内の記録がどのようになされているのかを観察することにしました。

　なぜなら、私は断熱工事会社の工事部長の経験しかなく、製造業や金属加工業の知識や経験はおろか、会社経営の知識・常識すら全くなかったからです。すべて観察、観察の毎日で、朝10時

と午後2時に工場を巡回し、何がどう行われているか作業を見て、工員にさまざまな質問をし、ごみ箱を覗いて歩き、ひたすら観察を続けました。これは2018年12月に引退するまで中断されることのなかった私の標準作業となります。

現状認識と会社の基本方針

そして、「経営基本計画」を作成するにあたり、まずはこの会社と、派遣されてきた責任者の現状認識を新たにしておくことにしました。

〈会社の現状〉

会社形態：個人会社（日本でいう青色申告会社で、Ｓコーポレイションという。買収後は株式会社となる）

会社組織：形はあるが十分に機能はしていない

従業員数：35 〜 45人。旧経営者一族の6名を除けば、平均勤続年数は1年ほど

経営状態：財務状態が悪い。回収不良。手持ち現金数万ドル（数百万円）。過大設備投資。安定顧客が少ない

売上高：年商100万〜 150万ドル（1億5000万円〜 2億2500万円）

顧客数：約120社。主要顧客は2社で、年商10万ドル（1500万円）プラス

〈派遣責任者の背景〉

派遣責任者社員数：1人

アメリカ社会への理解、経営の理解：ほぼ無

会社経営の経験：ほぼ無

製造業、金属板金加工業の経験：無

年齢と英語能力：49歳。初級（困らない程度）

零細中小企業経験、雑多な経験：有

　以上の情報や日常の観察から、会社運営の基本方針を決めることになりました。それを以下に列記します。

〈基本方針〉

(1) 法令、規則の遵守

(2) 数値による意思決定

(3) 情報の共有と数値化

(4) 倒産しないこと

従業員たちのやる気を引き出した改革

　これらの基本方針を、会社の運営・経営に反映させる方法をいろいろ模索した結果、もっとも短期間で、もっとも効果的に、もっとも経済的に、もっとも従業員にインパクトを与えられる方法であるとして選択したのが、「業務のコンピューター化」と「TQM（Total Quality Management：総合品質経営）による組織作り」、そして「コンサルタントの採用」です。

　業務のコンピューター化は、会計システムのみならず、人事管理、営業管理、製造計画、製造管理、品質管理等々すべての業務を含みます。また、システムは、当時主流だったいわゆるオフコ

ンや専門技術者が扱うシステムではなく、従業員一人ひとりがリアルタイムに自分で扱うシステムでなければ意味を成さないと私は考えました。

その結果、当時まだ初期段階にあったパーソナルコンピューターによる経営業務管理システムが導入されました。従業員一人ひとりの机にはデスクトップコンピューターとキーボードが置かれ、製造現場にはデータをやり取りする端末が置かれ、社員の出退勤はタイムカードを廃棄しコンピューターで記録することになりました。このように、今まで手作業で行われていた作業がすべてコンピューターに置き換えられました。ちょうどパーソナルコンピューターが市場に出回り始めた頃だったので、従業員たちに与えたインパクトは強烈だったと思います。

コンサルタントとしては、TQM指導者と、最大顧客の会社の役員と部長各1名。そして会計事務所には月次決算と会計業務指導を、弁護士事務所には法務相談全般の指導をお願いしました。

このようにして、「今、会社に新しい風が吹き始めている」ということを従業員たちに認識してもらい、「会社が変わるのだ」という期待を持ってもらうことに注力しました。

また、社則等の改変については、状況が落ち着いてから実態に合わせて検討することにして、現状のものを維持することにしました。

このような基本計画にのっとり、実施事項の具体的計画事項を以下のように決めました。

〈実施事項〉

会社としては、以下の7項目。

（1）TQMを道具とする組織化

（2）コンピューターシステムの導入

（3）コンサルタント、社外役員の採用

（4）顧問会計士、弁護士の採用

（5）定例役員会議、営業会議、製造会議等の設置

（6）社内人材の登用と従業員の定着率の向上

（7）既存の会社規則と経営手法の維持と、その発展的変更

　社長としては、以下の6項目。

（1）英語と経営教育、アメリカ社会理解のためのコミュニティカレッジ入学

（2）各種政府刊行物（連邦、州、市、郡）、業界誌等の情報収集によるアメリカ理解と、有用情報の責任者への提供

（3）管理業務資料の作成と管理業務の指導、管理情報の提供

（4）工場の定期巡回（1日に2回）と、従業員との意思疎通

（5）日本式、アメリカ式でもない「我々式経営」の合意醸成

（6）社員の視点に関心を持つ

　この当時は日本式経営、特にその品質管理システムが評価されており、日系企業を中心にして多数のアメリカ企業が、いわゆる日本でいうTQC（Total Quality Control：総合品質管理）を一部アメリカ式にしたものをTQM（Total Quality Management：総合品質経営）と称して採用していました。そのため、私どもの会社のような零細企業で働いている従業員たちもその名を知っており、ある種の憧れ的な心を持っていたようで、胸元や背中に「KAIZEN」と書かれたTシャツを誇らしげに着ている従業員が何人もいました。

　それゆえ、いざTQMを始めてみると大成功で、従業員たちは嬉々としてコンサルタントの指導の下でTQMを学習し、次々に社内業務の報告、連絡、相談、提出書類等々の規則を自ら決め、実行に移していきました。もちろんこの作業は業務のコンピューター化と二人三脚で行われたので、従業員には「自分たちが会社のシステムを作っている」という満足感が一杯で、すべてがびっくりするほど順調に、迅速に変化していきました。

　今まで会議などしたことがない従業員たちが嬉々として会議に参加し（安全衛生委員会を含む）、それぞれ意見を述べるようになったことも大きな変化でした。工場の従業員は、工作機械の「ボタン・プッシャー（機械のボタンを押すだけの人）」だと蔑まれていて全く意欲のない人が多かったのですが、機械のプログラミングを習得し、技術・技能のレベルを向上させ、溶接工は溶接技能講習を受け、溶接資格の取得に精を出すようになりました。

　またこの結果、数年後にはISO9000シリーズの認証も獲得し、随時更新することで、品質管理の技術も会社の組織も、硬直化することなく着実に進展していきました。

給与システムを大幅に変更

　このような大きな変化をもたらしたもう1つの要因は、給与システムの変更です。

　アメリカでは一般的に、私どものような零細企業では、直属のボスとの交渉で採用も解雇も給与も決まります。日本のように会社の人事部や総務部が決めることではないようです。法的には会

社に雇われていますが、気分的には「ボスに雇ってもらっている」という意識が強いのです。

　これには労働法（監督官庁Bureau of Oregon Labor & Industries：BOLI）の裏付けが強く反映されています。労働法では、経営管理者と非管理者の識別を厳しく定義し、3つの異なる視点から判断する基準を設けています。それは、監督職務としての職務テスト、専門職としての職務テスト、管理者としての職務テストの3つで、詳細は割愛しますが、ここでは職務テストのうち重要で最低限必要とされる4条件を取り出してみましょう。

(1) 経営管理者は、雇用、解雇、移籍、レイオフ等々の計画、実施権限を有すること。
(2) 経営管理者は、給与の支払い方法の如何を問わず、法に定めた経営管理者としての一定給与以上を支給されていること。現状では週給684ドル（1ドル＝110円として日本円で75,240円）、あるいは年間給与35,568ドル（3,912,480円）以上で、かつ給与に含まれる賞与、成果給等の褒賞金額は給与の10％以下でなければならない。（ここでは1日の労働時間8時間、年間労働日数260日、年間労働週間52週、年間総労働時間2080時間が基準となっている）
(3) 経営管理者は、常勤の部下を2人以上持たなければならない。
(4) 経営管理者の労働時間の50％以上は、経営管理業務でなければならないし、必要に応じて経営の意思決定をしなければならない。教範、操典、手引書等に基づく業務は50％以下でなければならない。

　このような背景から、従業員はいわゆる管理者であるボスといかに上手く交渉して給与や待遇を上げさせるかや、レイオフを避けるか等々は、ひとえに個々の従業員の交渉力にかかっています。そんな場面で出てくる有名な言葉に、"ゴマすり"をする人を意味する「ブラウンノーズ（Brown-Nose）」というものもありますし、管理者は賃金交渉を含むそのような交渉に四六時中、頭を痛めることになるのです。

　このような零細企業における現実は非常に非生産的であり、不適切な慣習だと私には思えたので、すぐに変更することにしました。3ヵ月の試用期間終了後の雇用判断、1年に一度毎年6月（経営年度の半期のところ）に給与の評価・見直しを適切な評価システムに基づき実施するという、日本式に近い方法です。もちろんこれには技能の習得・向上は評価基準としても大変重要な要素であることを明記しました。

　この変更には、従業員も管理者も大喜びでした。ことあるごとに従業員たちから昇給や待遇改善を要求されて対応に閉口していた管理職、黙っていたら決して昇給や待遇改善が見込めないことに業を煮やす従業員……そんな彼らにとっては青天の霹靂だったのです。

　この給与システムの一例をFig-1 ～ Fig-3の資料としてまとめました。

　技能等級を5段階に分類し、勤務年数を10年としたマトリックスを作成し、標準給与を3等級、4年目に設定し、公的資料の調査データをそのマトリックスに当てはめて賃金モデルとしました。従来は管理者の経験と勘によって頭の中に作られていた恣意的な給与額を、公的資料によって裏付け、管理者が自信を持って決定

できるような方法に変更したのです。

　公的資料として使用したのは、オレゴン州雇用局編纂のオレゴン州職業別賃金調査報告書（年次報告）、クラッカマス郡職業別賃金情報報告書（年次報告）、そして業界団体であるオレゴン経営者協会賃金情報報告（年次報告）の3つの資料です。業界団体資料については加盟会社数が少なく、かつ加盟している会社の企業間規模格差が大きいため、調査データ数とそのばらつきも大きくなる傾向があると考えられます。

　Fig-1はファブリケーション部門／チューブ部門の従業員向けの賃金モデル調査結果です。このデータを基にモデルマトリックスを作成する方法をFig-2に示し、マトリックスをグラフ化したものがFig-3です。注意すべき点は、このマトリックスは毎年一度改定し、いつも市場動向に合わせるということです。

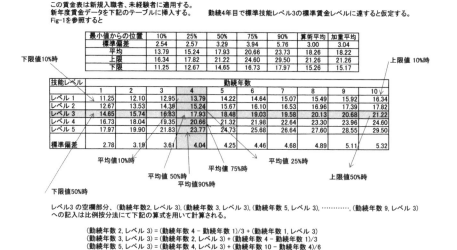

この賃金表は新規入職者、未経験者に適用する。
新年度賃金データを下記のテーブルに挿入する。　　　　勤続4年目で標準技能レベル3の標準賃金レベルに達すると仮定する。
Fig-1を参照すると

最小値からの位置	10%	25%	50%	75%	90%	算術平均	加重平均
標準偏差	2.54	2.57	3.29	3.94	5.76	3.00	3.04
平均	13.79	15.24	17.93	20.66	23.73	18.26	18.22
上限	16.34	17.82	21.22	24.60	29.50	21.26	21.26
下限	11.25	12.67	14.65	16.73	17.97	15.26	15.17

下限値10%時　　　　　　　　　　　　　　　　　　　　　　　　　　　　　　　　上限値10%時

技能レベル	勤続年数									
	1	2	3	4	5	6	7	8	9	10
レベル 1	11.25	12.10	12.95	13.79	14.22	14.64	15.07	15.49	15.92	16.34
レベル 2	12.67	13.53	14.39	15.24	15.67	16.10	16.53	16.96	17.39	17.82
レベル 3	14.65	15.74	16.83	17.93	18.48	19.03	19.58	20.13	20.68	21.22
レベル 4	16.73	18.04	19.35	20.66	21.32	21.98	22.64	23.30	23.96	24.60
レベル 5	17.97	19.90	21.83	23.77	24.73	25.68	26.64	27.60	28.55	29.50
標準偏差	2.78	3.19	3.61	4.04	4.25	4.46	4.68	4.89	5.11	5.32

平均値10%時　　　　　　　　　　　　　　　　平均値 25%時
平均値 50%時　　　平均値 75%時
平均値90%時　　　　　　　　　　上限値50%時
下限値50%時

レベル3 の空欄部分、（勤続年数2, レベル3）, （勤続年数 3, レベル3）, （勤続年数 5, レベル3）, …………, （勤続年数 9, レベル3）への記入は比例按分法にて下記の算式を用いて計算される。

　（勤続年数 2, レベル3）＝（勤続年数 4 − 勤続年数 1)/3 +（勤続年数 1, レベル3）
　（勤続年数 3, レベル3）＝（勤続年数 2, レベル3）+（勤続年数 4 − 勤続年数 1)/3
　（勤続年数 5, レベル3）＝（勤続年数 4, レベル3）+（勤続年数 10 − 勤続年数 4)/6
　（勤続年数 6, レベル3）＝（勤続年数 5, レベル3）+（勤続年数 10 − 勤続年数 4)/6
　（勤続年数 7, レベル3）＝（勤続年数 6, レベル3）+（勤続年数 10 − 勤続年数 4)/6
　（勤続年数 8, レベル3）＝（勤続年数 7, レベル3）+（勤続年数 10 − 勤続年数 4)/6
　（勤続年数 9, レベル3）＝（勤続年数 8, レベル3）+（勤続年数 10 − 勤続年数 4)/6

レベル 1, 2, 4, 5 の空欄(白色)部分についても同様な手法で計算される。

Fig-2　給与マトリックス作成

ファブリケーション部門チューブ部門新年度賃金

職種分類	最小値からの位置 10%	25%	50%	75%	90%	算術平均	加重平均	データ背景 会社数	労働者数
フォークリフト運転手1	12.36	14.36	14.78	17.18	18.75	15.63	17.16	11	47
組立工一般	13.82	14.01	15.00	17.30	18.02	15.70	15.17	5	87
ライン作業者	14.79	17.08	18.54	22.83	23.78	19.25	20.79	8	40
ライン作業者（ポートランド市内）	12.92	13.47	17.87	19.83	24.59	17.86	17.33	8	111
プロセス作業者（製造業）	18.94	19.68	23.45	24.10	27.01	22.96	21.59	8	67
プロセス作業者	18.23	19.39	22.65	24.99	26.86	22.07	22.15	14	116
一般工業製造従事者	12.24	13.74	15.78	16.71	18.34	15.48	14.89	10	125
一般工業製造従事者（製造業）	12.88	13.54	14.94	16.65	17.68	15.16	14.21	6	99
ファブリケーション機械/CNC従事者	15.31	16.23	18.04	18.57	20.83	17.97	18.82	5	41
製造作業員	15.91	16.05	16.95	18.56	19.10	17.32	17.18	6	82
製造作業員	15.48	15.91	16.24	18.26	19.05	16.98	16.85	7	83
溶断機械従事者（製造業）	17.75	18.70	20.85	23.51	24.05	20.89	21.06	8	21
プレスブレーキ従事者（製造業）	18.85	19.73	21.86	23.48	24.31	21.67	21.68	6	20
プレスブレーキ従事者	18.85	19.73	21.86	23.48	24.31	21.67	21.68	6	20
経度機械従事者（製造業）	12.70	15.06	18.46	19.00	20.46	17.33	16.70	10	22
経度機械従事者	14.12	16.22	18.65	19.04	20.66	17.67	16.91	5	9
手元ーファブリケーション（製造業）	12.90	14.24	14.83	15.72	16.18	14.65	14.75	5	11
組立工、多種あるいは集団	10.67	11.78	13.91	17.66	22.97	15.28	15.29		クラッカマス
組立工、その他	11.79	12.96	18.89	19.32	24.10	17.01	17.01		クラッカマス
CNC(コンピューター制御)機械従事者 金属プラスチック	13.55	15.88	18.89	23.08	26.13	19.65	19.65		クラッカマス
切断/打ち抜き/曲げ加工機械従事者 補助者	12.33	14.92	17.68	21.21	24.36	18.43	18.43		クラッカマス
研磨/包装/線面つや出し加工機従事者	12.81	15.38	21.04	27.29	44.44	23.62	23.61		オレゴン
多種類加工機械従事者	11.93	14.74	17.77	20.55	24.21	17.92	17.92		クラッカマス
グラインダー/やすり/研ぎ	16.23	19.58	26.31	29.24	31.00	24.35	24.35		クラッカマス
金属加工/プラスチック加工従事者 その他	10.32	11.05	12.24	15.08	22.75	14.24	14.24		オレゴン
経度機械従事者	12.04	12.98	16.22	18.23	19.46	15.76	15.77		クラッカマス
研磨/漫面加工 工従事者 手作業	11.50	12.10	13.66	15.74	18.55	14.28	14.28		クラッカマス
切断/横取り、手加工	10.43	11.81	16.97	21.77	24.26	16.88	16.87		オレゴン
製造従事者、補助者	12.34	14.00	17.10	20.88	24.02	17.52	17.52		クラッカマス
製造従事者、その他	11.86	12.82	15.78	18.77	24.33	16.82	16.82		クラッカマス
引抜成型/プレス/鍛造機械従事者	11.59	13.17	15.46	21.60	26.65	17.49	17.49		オレゴン
薄板加工従事者	13.92	17.48	23.56	31.60	38.28	24.77	24.78		オレゴン

標準偏差	10%	25%	50%	75%	90%	算術平均	加重平均
平均	2.54	2.57	3.29	3.94	5.76	3.00	3.04
上限	13.79	15.24	17.93	20.66	23.73	18.26	18.22
下限	11.25	12.67	14.65	16.73	17.97	15.26	15.17
前年度比上昇率	2.4%	1.5%	4.9%	4.4%	3.3%	3.4%	4.5%

注：着色部分は業界資料、無着色部分はオレゴン州政府の公的資料

	1=最下限	4=平均	10=最上限
レベル1	11.25	13.79	16.34
レベル2	12.67	15.24	17.82
レベル3	14.65	17.93	21.22
レベル4	16.73	20.66	24.60
レベル5	17.97	23.73	29.50

Fig-1 給与システム概要

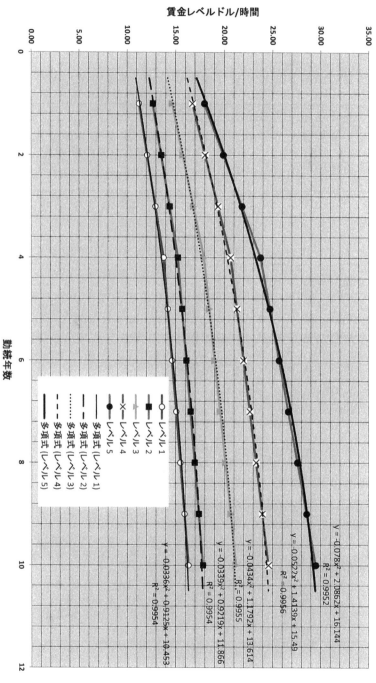

新年度一般職賃金モデル
ファブリケーション/チューブ部門

賃金レベルドル/時間

$y = -0.0078x^2 + 2.0862x + 16.144$
$R^2 = 0.9952$

$y = -0.0522x^2 + 1.4139x + 15.49$
$R^2 = 0.9956$

$y = -0.0434x^2 + 1.1792x + 13.614$
$R^2 = 0.9955$

$y = -0.0339x^2 + 0.9219x + 11.866$
$R^2 = 0.9954$

$y = -0.0336x^2 + 0.9125x + 10.453$
$R^2 = 0.9954$

レベル 1
レベル 2
レベル 3
レベル 4
レベル 5
多項式 (レベル 1)
多項式 (レベル 2)
多項式 (レベル 3)
多項式 (レベル 4)
多項式 (レベル 5)

勤続年数

Fig-3　給与システム概要

社長自身も改革する

　社長である私自身も、目標達成のために自らに課したコミュニティーカレッジ（2年制大学）での英語研修、アメリカンビジネス研修、コンピューター研修等に邁進しました。週2〜3回、午後5時30分から9時30分までの授業で、特に会計学、商法、コンピューター等は役に立ちました。10余年も通い続け、最後は興味のある授業もなくなり卒業となりました。

　日本ではこの公立の2年制短期大学はほとんど評価されていないように思えますが、アメリカでは主に社会人が業務の技能改善のために通うことが多く、地域の社会人のための職業訓練所の役割をも果たすため、地域の企業が支援に力を注いでいます。

　Fig-4の「社長業務実習」がその授業の一覧ですが、業務の変遷に応じて履修科目を選択していきました。

　残念ながら英語はあまり上達せず、最後まで苦しみました。私の頭には"英語脳"はなかったようです。当地に到着して1、2ヵ月後の頃、歯の痛みのために日系人の経営する歯科に電話でアポイントメントを取って行ったところ、こんなことを言われました。

「日本から来られたのですか？　日系一世のお爺さんかと思っていました」

　これ以降も、私の英語は進歩することはありませんでした。

　このようにして会社の日常業務は粛々と行われ、静かな中にも改革が進められていきました。

業務関連科目		
会計学関連		単位数
経営学211	会計学基本１	3
経営学212	会計学基本２	3
経営学213	会計学基本３	3
経営技術11	一般会計学	3
経営技術36	会計のコンピューターソフト	3
経営技術40	原価会計	3
経営技術39	給与会計	3
経営学249	監査	3
経営技術42	税務会計	3
総合講座40	所得税基礎	7
総合講座41	納税書作成中級	P
		34
数学関連		単位数
経営学131	経営計算序論	4
経営技術30	経営数学	3
数学111	大学レベル代数学	4
		11
経営管理関連		単位数
経営学206	経営学基礎	4
経営学223	マーケティング基礎	4
経営学226	商法　1	4
経営学227	商法　2	4
経営学238	販売学	3
経営学242	投資基礎	3
経営学250	中小企業論	3
		25
経済学関連		単位数
経済学201	ミクロ経済学	3
経済学202	マクロ経済学	3
経済学203	経済問題の検討	3
		9
		79

英語関連科目		単位数
外国人英語23	外国人向け英語	P
外国人英語33	英作文	P
スピーチ42	英語の発音	P
外国人英語36	英文法　中級の上	P
外国人英語31	英文法　中級	P
書き方121	大学英作文　1	3
書き方122	大学英作文　2	3
		6
管理職教育関連科目		単位数
管理者養成113	人間関係論	3
管理者養成216	管理者のための予算書作成	3
経営学205	意思疎通問題のための技術論	4
経営学224	人事管理	3
経営学285	業務における人間関係	4
		17
老人学関連科目		単位数
人間開発49	里親制度入門	1
心理学101	人間関係論	3
社会学223	老化の心理的、社会的要素	3
社会学232	死との出会い	3
ホスピス170	ホスピスケア	2
健康学252	応急処置と蘇生術	3
		15
コンピューター関連科目		単位数
コンピューター30	マッキントッシュ入門	P
経営技術120	キーボーディング	3
コンピューター90	新使用者の為のコンピューター	P
コンピューター120	概説コンピューター	3
コンピューター121	コンピューターの応用	3
経営技術176	ウィンドウズの為のエクセル	3
		12
		50

合計学習講座数	48
合計無単位講座数	8
合計獲得単位数	129

無単位講座	P/合格	F/不合格

Fig-4　社長業務実習

改革の前と後の比較

　会社の組織の変化を、最初と最後で比較すると次のようになります。会社の成長と社員数の変化にご注目ください。

〈買収時：1991年〉
　売上：100万〜150万ドル（1.5〜2.25億円）
　従業員数：35〜45名
　社長：全般・営業・管理担当
　副社長1：営業・製造担当
　副社長2：営業・技術・総務担当
　部長：営業1名
　課長：製造2名
　総務部：5名
　技術部：2名
　営業部：1名
　ファブリケーション：13〜18名
　溶接：7〜10名
　粉体塗装：5〜7名
　シッピング：1名
〈退職時：2018年〉
　売上：1600万〜1900万ドル（17.6〜20.9億円）
　従業員数：70〜80名
　会長：全般・管理担当
　社長：全般・営業・総務担当

副社長1：営業・製造担当

副社長2：営業担当（シアトル在住）

部長：技術・品質管理1名、営業2名

課長：総務1名、製造3名、購買1名

総務部：5名

技術部：技術5名、品質管理2名

営業部：3名

ファブリケーション：9〜12名

チューブ：12〜15名

レーザー：2〜3名

溶接：11〜15名

粉体塗装：3〜5名

修理：3名

シッピング：5名

毎日の業務の集積結果を毎日分析する

　前述の基本方針、実施事項に基づいて、日常に行われた業務を
まとめたものが、これから述べる管理業務の実際です。

　以下に提示されている管理事項は、毎日の作業の集積で作られ
るものです。これらの管理資料は、特別に人を配置して時間をか
けて作ったものではなく、毎日の業務の集積の結果を毎日分析し、
まとめたものであり、数値による意思決定をするための基礎資料
になります。コンピューターの利便性を大いに認識しました。

（1）ビジネスプラン、年間予算作成（年次）

（2）月次決算書作成（月次）

（3）客先別売上推移図作成（月次）

（4）損益分岐点分析（月次）

（5）製造原価、労務効率分析（月次）

（6）時給比較表（対マーケット）（月次）

（7）在庫管理表（月次）

（8）財務分析（適宜）

（9）決算報告書（年次）

（10）各種分析資料（適宜）

　では、次の章から、図や表を用いながら、業務管理の実際を説明していきたいと思います。

第 **2** 章

月次業務報告書

「月次業務報告書」の作成者と作成期限

　月次作成資料は「月次業務報告書」として毎月1冊のファイルにまとめられ、役員による検討の資料として使用されます。ファイルの中身は以下の書類ですが、これは社長自身によって作成されています。

〈月次業務報告書の作成者〉
(1) 月次決算書：会計事務所作成
(2) キャッシュフロー報告書（4半期ごと）：会計事務所作成
(3) 顧客別売上報告書：経理部作成
(4) 同上　累積年間グラフ（上位20社）：社長作成
(5) 対年間予算対比業務実績：社長作成
(6) 損益分岐点分析（全体／部門別）：社長作成
(7) 工場運用報告書（工場能率報告）：社長作成
(8) 工場労務状況報告書：社長作成
(9) 工場従業員労働時間／給与報告書：社長作成
(10) オレゴン州製造業労務報告書（労働時間／時給）：社長作成
(11) その他参考資料（適宜）：社長作成

〈月次業務報告書の作成期限〉
(1) 「月次決算書」および「キャッシュフロー報告書（4半期ごと）」は、毎月末締め、翌月15〜20日までに作成し、役員と会計事務所による検討会議を20〜25日に行う
(2) 「顧客別売上報告書」も毎月末締め、翌月1〜10日までに

　作成する

（3）これらができた時点で「月次業務報告書」の作成に入り、翌月10日以内に完了し、役員と会社に配布される

　この「月次業務報告書」は大変大切な報告書で、会社経営に必要な情報をすべて網羅するものです。月次、時系列でその時その時の経営状況がすべて分かるようになっています。

　従って「年次決算報告書」の作成に当たっては、12月の月次報告書に会社経営上のポリシーと税効果の情報を反映させるだけでいいため、翌年1月下旬には、12月の月次決算書と、当年の年次決算書が一緒に作成されてきます。

　つまり、月次報告書は結果報告書ではなく、経過報告書であり、年次結果報告に向けた業務改善提案報告書であることに意味があるのです。

　この年次決算書に基づいて、必要とされる業務分析資料を作成・添付すれば、年次決算報告書が完成しますので手間がかかりません。これにより、株主総会は毎年3月2日から月末の間の金曜日に開催されていました。

　では、以下に、「月次業務報告書」の内容の詳細を示します。

1．月次決算書

「月次決算書」は通常の内容のもので、「貸借対照表」「損益計算書」「売上原価分析書」「工場経費計算書」「営業経費計算書」「一般管理費計算書」「営業外収支計算書」の7つから構成されてい

ます。「貸借対照表」は当月分だけですが、他の6つは当月分と当月までの累積合計分とが記されています。

　また、当社はいわゆる「町の鉄工所」ですから（アメリカ式でいえばジョブ・ショップ：Job Shop）、加工の種類は種々雑多です。金属板材を工作機械で打ち抜き、切断加工、曲げ加工の工程までを扱うファブリケーション部門。レーザービームを用いての切断、穴あけ加工をするレーザー部門。対象が板材ではなく管材を用いて、ファブリケーションやレーザー加工、曲げ加工をするチューブ部門。それらの加工された部材や購入部材を溶接組み立てする溶接部門。各プロセス後に粉体塗装を施す粉体塗装部門の5部門のプロセスに分かれています。

　客先からの依頼は、これら5つのプロセスをすべて必要とする仕事もありますし、1つのプロセスだけの仕事もあり、種々雑多のプロセスで構成されています。さらに、材料支給で労務費だけの仕事もありますし、私どもが材料を購入する「材工一式」という仕事もあり、契約形態も全く種々雑多です。受注金額は複合単価となっており、各々のプロセス価格の集積プラス一般管理費という値段にはなっていません。

　この業界は伝統的に労務費だけの仕事（Time and Material Job：材料支給の人工数精算）が多かったため、前経営者の決算報告書の「売上原価報告書」において、売上高は各プロセスに従事する従業員数において比例按分されていました。そこで私も、この方針に従って従業員数による比例按分としたのです。

コンピューター化が支えた業務発展

　月次決算は毎月初めに始まり、月末日をもって締め切られ、在

庫確認がなされ、その後約2～3週間のうちに「月次決算書」と
してまとめられ、役員と会計事務所による検討会が行われます。
そのためには、当月売上の確定、在庫の確定（材料費、労務費、
工場経費等）、回収の確定、一般管理費の確定等をこの期間内に
行わなければならないのですが、この作業は会計士の指導・監督
のもと比較的スムースに行われ、月次決算が間に合わなかったと
いうことはありませんでした。

　総務部の従業員は5～6名で、この人数は私の経営時代の28年
間は、売上高の如何にかかわらず大きく変化することはありませ
んでした。コンピューターシステムの利用の効果は絶大だったと
いうことです。

　コンピューターシステムの大きなアップグレイドは、コン
ピューター技術の進歩につれて3度ほど行われましたが、小さな
変更は常時行っていました。しかし、市販のシステムは往々にし
て私どもの会社の業務の流れとは必ずしも一致せず、また業務の
流れをシステムに合わせるわけにもいかないので、ソフトの許容
する範囲で可能な限りサブプログラムを開発し、業務の円滑化を
図りました。

　総務部の仕事の振り分けは、全般管理および経理担当、製造原
価担当、支払および回収業務担当、売上工程管理担当、人事管理
担当であり、“手書き”による書類作成、記録保持は、個人用を
除いて一切しませんでした。隣のブースにいる社員との連絡もE
メールという具合です。

　第1章内の「改革の前と後の比較」にある会社組織の変化を参
照していただければ明らかですが、業務のコンピューター化（製
造の機械化、自動化も含む）の進捗が会社の業務発展を支えてい

たのです。売上は約20倍になりましたが、人員は約40％の増加にとどまっていて、そのほとんどが直接労務費に分類される製造現場、シッピング、修理業務従業員と、技術、品質管理要員でした。

　コンピューター化というと「経理業務の合理化のため」とばかり考えがちですが、製造プロセス、製造管理業務のコンピューター化は、それにもましてなお一層重要なことです。

　このような変革を推し進めるため、当社では毎年50万ドル（5500万円）の設備投資予算を計上し、計画的に設備の更新を行っていました。当初こそ日本の親会社保証の日系銀行からの借入金でしたが、業務拡大にともない徐々に現地のファースト・インターステイト銀行（後のウェルズ・ファーゴ銀行）に、日常業務も含めてすべて切り替えました。

　業況は順調に推移し、93年度（会計年度は1月〜12月）には配当も始まり、いわゆる運転資金の借入をしたことは28年間に一度もありませんでした。

　私が社長となった1991年5月の時点で、手持ち現金は6〜7万ドル（700〜800万円）程度で、売掛金の回収も極端に悪く60日以上でした（通常、契約条件は納品後30日後に現金払い）。旧経営者や社員からは早急に運転資金の借入を助言されましたが、私が「なぜこんなに回収が悪いのか」と尋ねたところ、旧経営者を含む社員たちは、「客は最終的には払ってくれる。待っていればいい。ぐちゃぐちゃ言うと仕事が来なくなる」と言うのです。どこかで日常茶飯事のように聞いてきたのと同じセリフではありませんか。腹が立った私は思わずこう言いました。

"We are not beggars, are we? I am sure everybody is doing

right job. Why don't we ask for the payment on time, do we?"
（私たちは乞食ではないですよね？　誰もがちゃんと仕事をして
いると確信しています。契約期日通りに支払いを求めてみましょ
うよ）

　つたない英語でしたが、それゆえに強烈だったようです。結局
私は、納品後25日目に支払い日を確認、40日目に状況説明と支
払い督促、50日目、60日目も同様の処置をとり、状況に変化が
なければ弁護士事務所に回収を依頼、あるいは簡易裁判所に直接
訴訟（一定金額以下の少額金銭トラブルを専門的に取り扱う裁判
所で、当事者の直接訴訟ができ、Small Court：スモールコート
と称される）という取り扱い内規を設定しました。

　これをきっかけに、その後、状況は大きく変化していきます。
取引、注文を断ってきた顧客は1社だけでした。私についたニッ
クネームは「Tは日本の守銭奴だ」（TとはTsuguaki Takahashi
の呼称）でした。

　世間一般ではいまだに製造業は肉体労働（Sweat Work ス
ウェットワーク：汗をかく仕事）として嫌われ、給与もなぜか他
職に比較して低く抑えられているように見えますが、当社ではコ
ンピューターが理解できなければ、その肉体労働ばかりか材料や
製品の搬入、搬送の仕事もできないのです。しかしこれは学歴で
はなく、潜在能力さえあれば誰でも一流の仕事ができることを意
味します。ちなみに当社には大学卒者は1名もいませんでした。
短大卒1名、短大中退者数名、他は高卒、高校中退者、中卒です。
　こうして28年間にわたり積み上げてきた実践業務結果につい
ては後述させていただきます。

「月次決算書」のバックデータ

「月次決算書」には、理解がしやすいように「貸借対照表」「損益計算書」「収入―原価分析書」以外に、決算書のバックデータが網羅されていて、この1冊の「月次決算書」ですべて分かるようになっています。それらは「製造労務費分布表」「在庫要約表」「仕掛品詳細」「部門別人員配置表」です。これらのバックデータが運営管理の基礎であり、すべてコンピューターシステムにより日々の作業で集積されていったものです。それらの一部をFig-5、Fig-6、Fig-7に例示します。

Fig-5の「製造労務費分布表」は、製造労務費の部門別費用を計上したもので、直接労務費と間接労務費を別々に計上し、税金、保険、福利費用も同様に計上しています。その中にあるマネジメント用の管理データには、部門別の直接／間接労働時間（残業時間を含む）、総労働時間、1時間当たりの直接の労務費／税金／保険／福利厚生費／その合計、当月工場経費および1時間当たり工場経費、そして期首から当月までの合計が示されています。

Fig-6の部門別の「間接労務費分布表」（例は製造部門）の内容は、有給休暇／休日／残業／管理業務／材料管理／研究／営繕／在庫管理／検査／再製作費です。

また、同図の「在庫要約表」は労務費、原材料費、工場経費の部門別在庫変化を記録するもので、前月末と当月末の数値とその変化を記録しています。

Fig-7の「仕掛品詳細」は、古い仕事の5件、大きな仕事の10件の仕掛品残高とその合計を詳細表にして示しています。当社では毎月次締め切り日の当日に在庫実数検査を行っていました。

当月	ファブ	チューブ	溶接	レーザー	粉体塗装	合計
支払い給与						
非配賦製造労務費	14,075.18	11,759.03	11,757.37	1,483.18	7,388.78	46,463.54
配賦直接労務費	41,635.48	42,400.22	31,137.08	6,198.28	9,202.05	130,573.11
合計直接労務費	55,710.66	54,159.25	42,894.45	7,681.46	16,590.83	177,036.65
税金/保険/福利厚生費						
直接労務費	10,819.48	11,018.21	8,091.34	1,610.70	2,391.26	33,930.99
非配賦製造労務費	3,657.61	3,055.72	3,055.30	385.42	1,920.06	12,074.11
合計	14,477.09	14,073.93	11,146.64	1,996.12	4,311.32	46,005.10
管理者用データ						
当月データ						
定時労働時間	2,001.64	2,365.35	1,804.10	381.31	757.53	7,309.93
通常残業時間	604.68	337.65	238.00	45.00	109.90	1,335.23
休日出勤時間	0	0	0	0	0	0
小計	2,606.32	2,703.00	2,042.10	426.31	867.43	8,645.16
非配賦労働時間	330.80	407.85	428.52	57.93	327.16	1,552.26
直接労働時間	2,275.52	2,295.15	1,613.58	368.38	540.27	7,092.90
給与/1時間	18.30	18.47	19.30	16.83	17.03	89.93
税金,保険/1時間	2.75	2.78	2.90	2.53	2.56	13.52
福利厚生/1時間	2.00	2.02	2.11	1.84	1.87	9.84
直接労務費/1時間	23.05	23.27	24.31	21.20	21.46	113.29
税金,保険,福利厚生費比率	26.0%	26.0%	26.0%	26.0%	26.0%	26.0%
当月発生工場経費	100,391	89,373	84,321	30,603	22,633	327,321
当月発生工場経費/時間	44.12	38.94	52.26	83.08	41.89	46.15
当月実質工場経費	84,064	81,629	81,453	28,701	21,628	297,475
当月実質工場経費/時間	36.94	35.57	50.48	77.91	40.03	41.94
当月まで累積データ						
直接労働時間	7,780	9,458	7,130	1,307	2,596	28,271
直接労務費	145,758	173,389	137,708	22,259	45,095	524,209
直接労務費/時間	18.74	18.33	19.32	17.03	17.38	18.54
税金,保険費用	19,675	23,241	18,403	3,003	6,007	70,329
税金,保険費用/時間	2.53	2.46	2.58	2.3	2.31	2.49
福利厚生費	19,120	23,096	18,377	2,920	6,016	69,529
福利厚生費/時間	2.46	2.44	2.58	2.23	2.32	2.46
合計直接費	184,553	219,725	174,488	28,182	57,118	664,066
合計直接費/時間	23.72	23.23	24.47	21.56	22.01	23.49
発生工場経費	434,686	403,665	348,893	126,868	112,155	1,426,267
発生工場経費/時間	55.88	42.68	48.94	97.04	43.22	50.45
実質工場経費	411,573	371,549	351,022	144,708	106,145	1,384,997
実質工場経費/時間	52.9	39.28	49.23	110.69	40.90	48.99

Fig-5　製造労務費分布表（費用はドル）

製造間接労務費分布表　——非配賦製造労務費

当月		ファブ	チューブ	溶接	レーザー	粉体塗装	合計
A	有給休暇費用	1,129.04	1,275.74	2,318.74	18.45	183.34	4,925.31
	有給休日費用	0.00	0.00	0.00	0.00	0.00	0.00
	通常残業代	5,753.56	2,822.65	2,181.55	380.00	957.45	12,095.21
	休日残業費用	0.00	0.00	0.00	0.00	0.00	0.00
	小計	6,882.60	4,098.39	4,500.29	398.45	1,140.79	17,020.52
B	管理監督費	91.60	0.00	2,487.62	0.00	0.00	2,579.22
	材料取り扱い費用	2,008.78	1,885.22	2,791.11	88.58	2,522.58	9,296.27
	研究調査費用	1,203.72	93.44	0.00	102.52	19.86	1,419.54
	修繕維持費用	3,462.28	4,937.63	1,658.40	885.13	3,642.82	14,586.26
	在庫調査費	0.00	328.33	210.26	0.00	53.51	592.10
	品質管理費	257.46	9.62	0.00	0.00	0.00	267.08
	再製作費	168.74	406.40	109.69	8.50	9.22	702.55
	小計	7,192.58	7,660.64	7,257.08	1,084.73	6,247.99	29,443.02
非配賦製造労務時間　B		330.80	407.85	428.52	57.93	327.16	1,552.26
非配賦製造労務費B/時間		21.74	18.78	16.94	18.72	19.10	18.97
合計非配賦製造労務費　A+B		14,075.18	11,759.03	11,757.37	1,483.18	7,388.78	46,463.54

在庫要約表　——当月在庫変化

項目	部門別	労務費	工場経費	小計	原材料	合計
当月仕掛品	ファブリケーション部門	11,744	22,301	34,045	55,480	89,525
	チューブ部門	(389)	(2,846)	(3,235)	(19,738)	(22,973)
	溶接部門	5,429	5,874	11,303	1,897	13,200
	レーザー部門	2,362	7,109	9,471	17,753	27,224
	粉体塗装部門	(684)	(834)	(1,518)	(9,785)	(11,303)
	合計	18,462	31,604	50,066	45,607	95,673
当月完成品在庫	ファブリケーション部門	(3,205)	(5,973)	(9,178)	879	(8,299)
	チューブ部門	5,379	10,590	15,969	32,495	48,464
	溶接部門	(2,246)	(3,007)	(5,253)	2,985	(2,268)
	レーザー部門	(1,442)	(5,206)	(6,648)	(5,115)	(11,763)
	粉体塗装部門	1,592	1,839	3,431	10,331	13,762
	合計	78	(1,757)	(1,679)	41,575	39,896
当月原材料在庫	ファブリケーション部門	0	0	0	55,452	55,452
	チューブ部門	0	0	0	85,467	85,467
	溶接部門	0	0	0	(18,424)	(18,424)
	レーザー部門	0	0	0	(12,374)	(12,374)
	粉体塗装部門	0	0	0	18,894	18,894
	合計	0	0	0	129,015	129,015
製造在庫		18,540	29,846	48,386	216,198	264,584
副資材在庫						68
当月在庫変化		18,540	29,846	48,386	216,198	264,652
合計部門別変化	ファブリケーション部門	8,539	16,327	24,866	111,812	136,678
	チューブ部門	4,990	7,744	12,734	98,224	110,958
	溶接部門	3,183	2,867	6,050	(13,542)	(7,492)
	レーザー部門	920	1,903	2,823	265	3,088
	粉体塗装部門	908	1,005	1,913	19,440	21,353
	合計	18,540	29,846	48,386	216,199	264,585

Fig-6　製造間接労務費分布 / 在庫要約表（費用はドル）

仕掛品詳細

古い仕事5件				大きな仕事10件			
製作番号	受注日	顧客名	受注金額	製作番号	受注日	顧客名	受注金額
−	−	XYZ社	9,062	−	−	JKL社	30,721.86
−	−	JKL社	10,397	−	−	XYZ社	26,876.36
−	−	JKL社	15,647	−	−	XYZ社	26,774.93
−	−	JKL社	9,651	−	−	FFP社	23,542.15
−	−	JKL社	7,468	−	−	JKL社	21,882.39
		合計	$52,224.39	−	−	JKL社	19,341.32
仕掛品合計に対する百分比率			6.18%	−	−	JKL社	15,646.88
				−	−	FFP社	14,431.49
当月仕掛品高			$844,655.71	−	−	JKL社	14,211.15
当月仕掛品合計件数			394件	−	−	FFP社	13,440.68
当月仕掛品1件当たり平均額			$2,143.80			合計	$206,869.21
				仕掛品合計に対する百分比率			24.49%

部門別人員配置表

部門	人員表				出来高表			
	社員	臨時工	合計		労務売上高	売上高/人	部門売上高	売上高/人
ファブリケーション	11.00	2.29	13.29		253,663	19,086	530,207	39,893
チューブ	14.00	1.38	15.38		139,513	9,073	365,759	23,786
溶接	12.50	9.12	21.62		200,478	9,272	278,154	12,865
レーザー	3.00	0.00	3.00		56,674	7,935	82,775	11,590
粉体塗装	5.00	2.14	7.14		46,359	15,453	106,452	35,484
製造部門合計	45.50	14.93	60.43	合計	$696,687	$60,819	$1,363,347	$123,618
			0.00					
運搬管理部	5.00	0.00	5.00					
技術部員	6.00	0.00	6.00					
管理者	3.00	0.00	3.00					
品質管理者	2.00	0.00	2.00					
製造担当副社長	1.00	0.00	1.00					
役員	2.00	0.00	2.00					
総務部	7.00	0.00	7.00					
営業部	4.00	0.00	4.00					
修繕部	3.00	0.00	3.00					
間接部門合計	33.00	0.00	33.00					
合計人員	78.50	14.93	93.43					

Fig-7　仕掛品詳細／部門別人員配置表

また、同図の「部門別人員配置表」では、常勤従業員と臨時工の数を業務別に記録し、1人当たりの労務売上、材料売上を記録しています。

　臨時工の雇用は製造部門が主体で、この表の時期のその人数は製造担当社員の約30％に相当しています。社員の雇用については「レイオフをしない」という考え方を基本にしていたので、非常に保守的でした。私が管理者に話していたのは、「安易な雇用、安易な解雇をするな」ということです。「今の忙しさがいつまで続くのか。1週間か、1ヵ月か、半年か、1年かを考えろ。まず第一に、適正量の残業を。それで対応できなければ臨時工を雇い、忙しさが1年以上継続する可能性がある場合は、臨時工の中から適格者を社員採用してはどうか」と話していました。結果的にはこの考え方が上手くいき、社員数の無計画な増員とレイオフの防止に役立ちました。

ビジネスの全貌を網羅する「月次決算書」

　以上の資料は、導入された市販コンピューターシステムに関連付けて開発したサブプログラムで作成されています。すなわち、「現場記録→事務所集計→計算機入力→レポート打ち出し」ではなく、「現場記録→（自動集計完了）→レポート打ち出し」としたのです。初期には誤記もたくさんありましたが、1つ1つ確認、指導、教育することにより、ノウハウを蓄積して解決していきました。私どもではこのように、いろいろな資料をこのやり方で作成していきました。

　「月次決算書」は、業務実態をあらゆる角度から単独ないし時系列的に、検討・分析するのに必要な経営資料として、またその作

成に使用されました。

「月次決算書」は単なる決算書ではなく、当社の現時点でのビジネスの全貌を網羅するもので、これなくして当社のビジネスは語れません。先に述べたように、「年次決算書」は「月次決算書」の集積に、必要とあれば税務対策、株主対策を加味したものに過ぎません。

　中小零細企業においては、この「月次決算書」が適切に作られているかどうか、それがどういう風に利用されているかが、ビジネス成功の鍵であるといっても過言ではないと考えます。

2. キャッシュフロー報告書

「月次決算書」に4半期ごとに添付される「キャッシュフロー報告書」は、当月末日現在の現金の分布を、業務実績の観点、投資の観点、そして財務活動の3つの観点からキャッシュの流れの結果をまとめたものです。

　この数値を見て、手許現金や運転資金の量、借入の必要性と投資負担等を考えていました。

3. 顧客別売上報告書と、その累積年間売上グラフ

「顧客別売上報告書」は、全顧客の月次売上高とその累計売上を記載したものです。この報告書は「月次決算書」とともに提出され、月次検討会に用いられます。

これは単なる「顧客別売上報告書」ではなく、顧客別に当月売上、累積売上、それぞれの売上パーセント、当月および累積売上原価と利益高、顧客別の売上利益高の比率、そして利益率が表示されています。導入した市販ソフトのプログラムで作成しているので、必ずしも当社の業務の流れに合致はしていませんが、これを使っていました。

　この報告書には約500社の顧客名が記載されています。この数は、今までに一度でも取引があり、コンピューターに客先として登録されている会社です。そのうちの111社が、私が社長となった時点で本年度に取引があった客先であり、さらに当月取引のあった顧客は41社でした。

　しかし、この報告書の数値を見ているだけでは、個別顧客の時系列的な取引プロファイルが分かりにくいのです。例えば、顧客Aの売上は2〜3年前に比べて増えているのだろうか？　それとも減っているのだろうか？　顧客のビジネスは順調なのだろうか？　顧客は何か当社に不満を持っていて発注先を変更しつつあるのだろうか？　発注は計画的になされているのか、それとも成り行き任せなのか？　はたまた、顧客ビジネスには季節性があるのだろうか？　景気の変動に対して敏感なのだろうか、あるいはあまり影響はないのか？　ビジネスの景気循環は？　等々、顧客について知らなければいけないことは山ほどあります。

　この、あまり語られない時系列的変化の部分についての作業を容易にするのが、「顧客別売上報告書」のグラフ化です。これは売上を単純な棒グラフ、折れ線グラフ等で表すのではなく、「累積年間売上グラフ」として、時間軸を横軸に売上高を縦軸にとった折れ線グラフで表現したもので、Fig-8がその具体例です。

顧客の経営環境に敏感になるべき ──────────────

　このグラフは、どの時点を取っても当月を含む過去12ヵ月の累積年間売上高を表示する「累積年間売上グラフ」で（設定の仕方により、任意の累積月数で作成できる）、Fig-8では1992年から2018年までの会社全体、時々の主要顧客の売上高変化の時系列記録、および主要顧客以外の売上総計を示しています。

　ADG社は当社のかつての最大顧客で、1995〜1997年頃には年間300万〜400万ドル（3.3〜4.4億円）の売上がありましたが、それ以降は徐々に取引が減少し、ADG社廃業のため2009年に取引停止に至りました。

　GMS社も同時期に年間200万ドル（2.2億円）程度の売上があったのですが、NAFTA（北米自由貿易協定）の成立の影響で生産拠点を海外に移転させたため、2007年には売上が激減し、取引は続いているものの、売上は3万〜5万ドル（330〜550万円）の範囲に落ち込んでいます。その後は生産拠点を再度本社工場に戻し、社内生産に転換し、外注生産をほとんどしなくなりました。株主や経営者層の変化、担当責任者の交代等々という顧客の経営環境の変化が、取引業者の経営に瞬時に大きな直接的影響を与えるという典型例です。

　一般的に下請業者は顧客の経営環境の変化に鈍感のように見えますが、これは大きな間違いです。いつどんな仕事があるかを営業して歩いて知るのも大切ですが、それ以上に顧客の経営環境の変化を知り、自社の生き延びる道をいつも模索していくことが中小零細企業の生きる道ですし、絶えず新規顧客を開拓し続けることが絶対的な条件になると私は考えます。中小企業の経営論には、

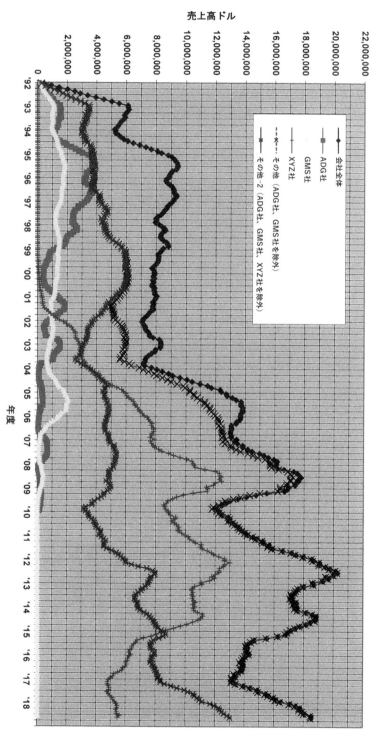

Fig-8 累積年間売上グラフ

効果効率論は必要ないのではないかと思われますが、いかがで
しょうか。

　1999年に取引を開始したXYZ社の売上高もすぐに増加し、
2002年には最大の顧客になり、その後も順調に売上を増やして
いることがFig-8から分かります。

　2001年には9・11の影響もありビジネスは停滞しましたが、
2003年には上昇に向かいました。2009年には、有名なリーマン
ショックの影響で売上は急減し、ビジネスは前年の好景気のピー
クから一気にマイナス600万ドル（6億6000万円）、約35％の売
上減となりました。XYZ社からの売上もマイナス400万ドル（4
億4000万円）、約32％の減少となりました。

　2012年には売上が下降し始め、2014年には転換点を迎えまし
た。これは、XYZ社の製造プロセスがファブリケーションから
私どもが扱わないスタンピングに変更されたことと、生産拠点の
一部が、経営コストが安くなると見込まれる南部の州に移転した
ことに起因します。そのため年間約1300万ドル（14億3000万
円）だった売上が半分以下の約600万ドル（6億6000万円）に減
少しました。

　XYZ社のビジネス方法の変更の情報を入手して以降、私ども
は新規顧客の開拓、既存顧客との関係強化に力を尽くし、XYZ
社以外の顧客売上を2010年以降、約300万ドル（3億3000万円）
から約1100万ドル（12億1000万円）まで増やし、会社全体の売
上の保持に努めました。

　このようにFig-8の1枚のグラフから、会社の業務の流れ、顧
客のビジネス履歴が時系列で分かるのです。この1枚のグラフが
教えてくれることは、「自分たちの責によらないビジネス環境の

変化で致命的な打撃を受けると、それに対する適切な対応が取れない限り、我々のような中小零細企業は存在しえない。いつでも新しい環境に対応できる企業努力が必須」ということです。このため「不断の新規顧客開拓と既存顧客との関係強化発展」が必須です。これらなくしてビジネスの存続は考えられません。

　日本では効果効率を考えて顧客数を絞る努力をすると聞きますが、私の経験では「来るもの拒まず、去るもの追わず」です。通常、年間取引先数は100 〜 120社もありますが、上位20社で売上の97％ほどを占めています。残りの3％の売上のために80 〜 100社の会社と付き合うのは「効果効率が悪い」とおっしゃる向きには、「どこからその3％を持ってくるのですか？」とお聞きしたいですね。

「累積年間売上グラフ」から読み取れること ─────────

　さて、そこで個々の顧客の「累積年間売上グラフ」が必要になるのです。以下に2、3の例を示しましょう。

　Fig-9は、かつての最大顧客で2009年に廃業した、建築設備工事会社であるADG社の2009年末までの売上グラフです。

　まず、「累積年間売上グラフ」から以下のような事が判明、推定、理解されると思われます。

(1) グラフに現象を記録することによって顧客のビジネス状況が分かる

(2) 景気の動向、サイクルが推定できる

(3) 状況変化を推測しやすくなる

(4) 営業対策、経営計画の見直しが可能となる

(5) 状況変化に応じた経営対応が容易になる

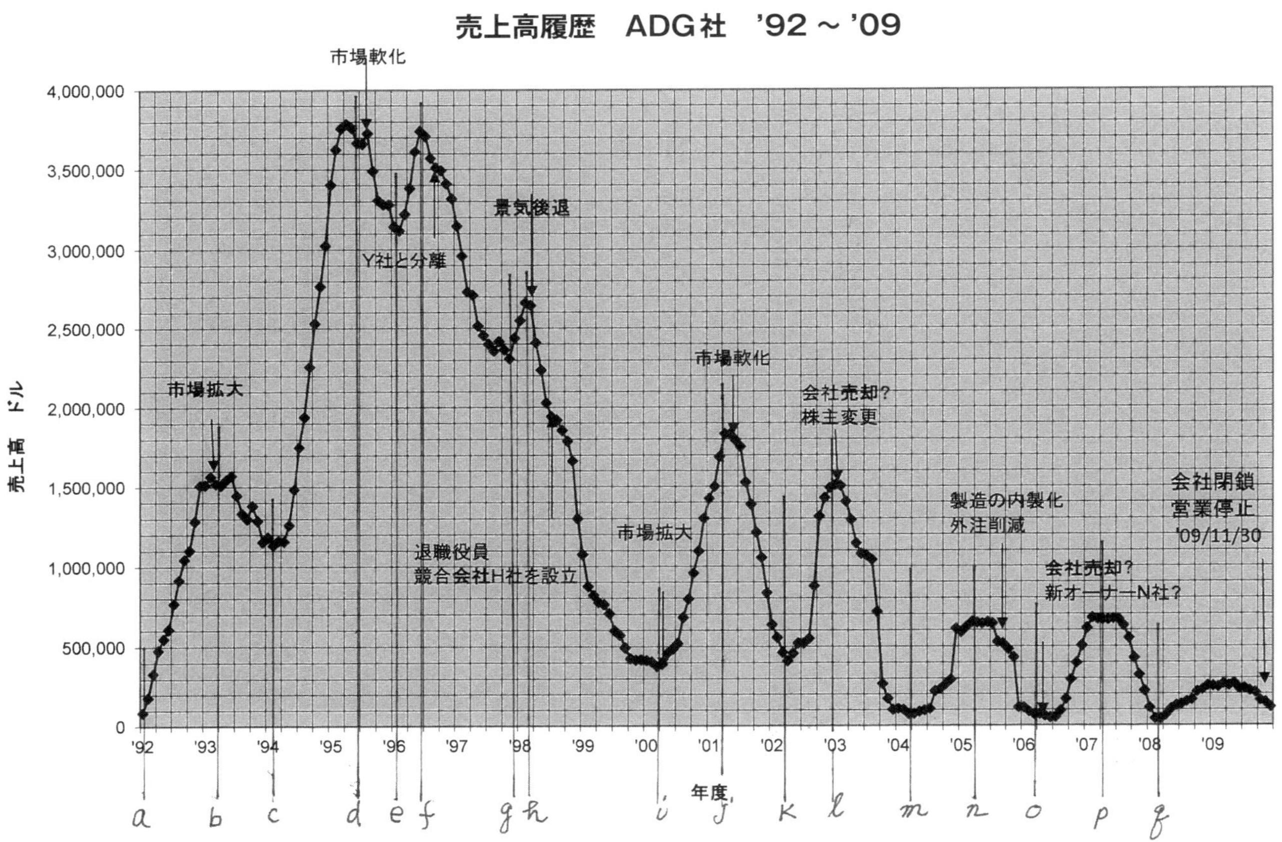

売上高履歴　ADG社　’92～’09
市場軟化
市場拡大
Y社と分離
景気後退
退職役員
競合会社H社を設立
市場拡大
市場軟化
会社売却？
株主変更
製造の内製化
外注削減
会社売却？
新オーナーN社？
会社閉鎖
営業停止
’09/11/30
売上高　ドル
年度
4,000,000
3,500,000
3,000,000
2,500,000
2,000,000
1,500,000
1,000,000
500,000
0
'92 '93 '94 '95 '96 '97 '98 '99 '00 '01 '02 '03 '04 '05 '06 '07 '08 '09
a b c d e f g h i j k l m n o p q

Fig-9　累積年間売上グラフ ADG社

"難しい" 取引先の特徴 ─────────────────────

　Fig-9のグラフから実際に読み取れるいくつかのことを表にまとめます。景気の循環時期と期間、その期間の売上額の変化、および顧客の事情です。

　ADG社の場合、景気の循環期間は平均2.2年でした。建設業関連事業に分類される会社は、景気の波の変動も、また売上の変動も大きいと言えます。顧客特有のこととしては経営が不安定で、社員の離反、独立、競業関係が生じ、経営譲渡が行われ、取引先として "難しい" ことが分かります。このようなことから、2009年11月には廃業となり、取引停止を余儀なくされました。

年月	景気循環	循環期間	売上（万ドル）	顧客／社会事情
'92/01 〜 '94/02	a 〜 c	2.1 ヶ年	$10/155/115	
'93/03 〜 '95/06	b 〜 d	2.2 ヶ年	$155/115/380	
'94/02 〜 '96/01	c 〜 e	1.9 ヶ年	$115/380/310	
'95/06 〜 '96/06	d 〜 f	1.0 ヶ年	$380/310/375	
'96/01 〜 '97/12	e 〜 g	1.9 ヶ年	$310/380/230	'96/06 親会社から分離
'96/06 〜 '98/02	f 〜 h	1.7 ヶ年	$375/230/270	'98/04 社員競合会社設立
'97/12 〜 '00/03	g 〜 i	3.3 ヶ年	$230/270/50	
'98/02 〜 '01/03	h 〜 j	4.1 ヶ年	$260/40/180	
'00/03 〜 '02/03	i 〜 k	2.1 ヶ年	$40/180/40	'01/09 9・11事件
'01/03 〜 '03/01	j 〜 l	1.8 ヶ年	$240/40/150	'01/09 9・11事件
'02/03 〜 '04/03	k 〜 m	2.0 ヶ年	$40/160/10	'03/01 会社売却？
'03/01 〜 '05/03	l 〜 n	2.2 ヶ年	$150/10/65	
'04/03 〜 '06/03	m 〜 o	2.0 ヶ年	$10/65/10	
'05/03 〜 '07/04	n 〜 p	2.1 ヶ年	$65/5/70	'05/06 社内生産／外注縮小
				'06/02 会社再売却？
'06/03 〜 '08/02	o 〜 q	1.9 ヶ年	$5/70/5	
	平均値	2.2 ヶ年		

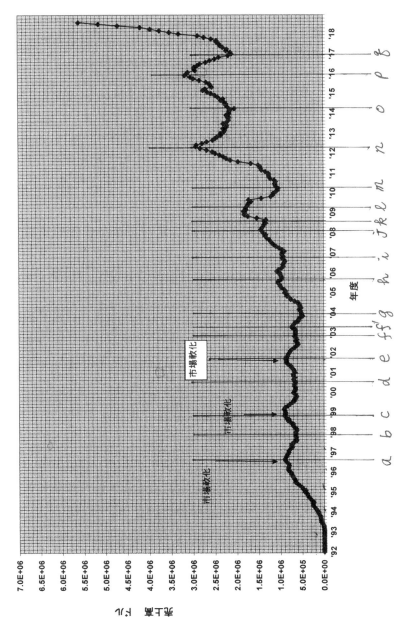

売上高履歴　JKL社　'92〜'18

Fig-10　累積年間売上グラフ JKL社

誠実な顧客の特徴 ───────────────

　Fig-10に示すのは産業機械メーカーであるJKL社です。この会社は製造、販売、保守点検を主体とし、また仮設設備用レンタル、リース用製品も製造しています。

　当社は後発下請業者として1992年に細々と取引が始まり、好評を得て徐々に売上が増え、1995年頃には価格、納期、品質を評価され専属契約となりました。

　JKL社は誠実な顧客で、発注も非常に計画的でした。それは景気循環にはっきりと示されています。9・11事件までの約10年間はほぼ一定のリズムの景気循環が見られ、売上の上限は約90万ドル（9900万円）、下限は60万ドル（6600万円）で安定的でした。9・11事件でこの循環が壊れ、景気は中折れして回復が遅れ、景気が戻るまでに4年かかりました。また、リーマンショック後の成長は著しく、当社もその恩恵を大いに受けていました。

年月	景気循環	循環期間	売上（万ドル）	顧客／社会事情
'96/07 〜 '98/09	a 〜 c	2.2 ヶ年	$90/65/90	
'97/09 〜 '00/05	b 〜 d	2.7 ヶ年	$65/90/70	
'98/09 〜 '01/07	c 〜 e	3.8 ヶ年	$90/60/90	
'00/05 〜 '02/09	d 〜 f	2.3 ヶ年	$70/90/70	'01/09 9・11事件
'01/07 〜 '03/02	e 〜 f´	1.6 ヶ年	$90/65/80	
'01/07 〜 '03/10	f 〜 g	1.3 ヶ年	$70/80/50	
'03/02 〜 '05/07	f´ 〜 h	2.4 ヶ年	$80/55/100	
'03/10 〜 '06/08	g 〜 i	2.8 ヶ年	$50/110/90	
'05/07 〜 '08/01	h 〜 j	2.5 ヶ年	$110/90/150	
'06/08 〜 '08/06	i 〜 k	1.8 ヶ年	$90/150/130	
'08/01 〜 '09/02	j 〜 l	1.1 ヶ年	$150/130/180	

'08/06 ～ '10/02	k ～ m	1.7 ヶ年	$130/180/100	リーマンショック
'09/02 ～ '12/02	l ～ n	3.0 ヶ年	$180/100/290	
'10/02 ～ '14/02	m ～ o	4.0 ヶ年	$100/290/210	
'12/02 ～ '15/12	n ～ p	3.8 ヶ年	$290/210/320	
'14/02 ～ '16/12	o ～ q	2.8 ヶ年	$210/320/210	
	平均値	2.5 ヶ年		

メリットを得るのが難しい顧客

　Fig-11は、歯科医療設備製造をしているPQR社の記録です。この会社の外注管理の考え方は、アメリカの企業ではごく一般的です。すなわち、外注先は自社生産の補完先に過ぎず、自社の生産状況や雇用状況に応じたバランスの上で仕事を発注するというもので、経済の動向とはあまり関係がないように思えます。PQR社の景気循環は、この会社の製造計画循環を意味するものであり、社内事情で外注量が左右されます。

　業者の選定は、製造技術や保有設備、品質管理、経営実績評価等による総合評価により3社を選定し、その中での競争入札により発注先を決めています。この点では日本と同じです。

　従って、PQR社との取引で、業者が将来の成長を期待することはなかなか難しいと思われます。

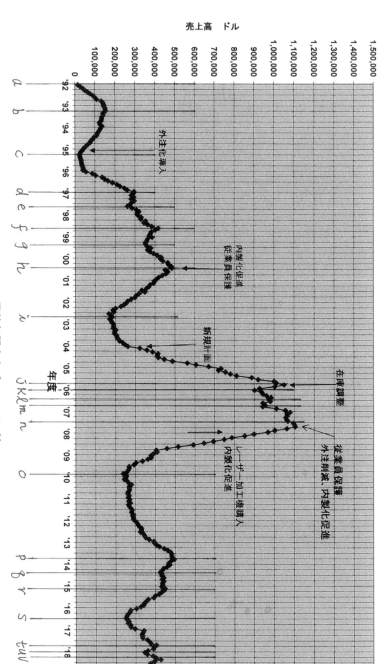

売上高履歴　PQR社　'92〜'18

Fig-11　累積年間売上グラフ PQR社

年月	景気循環	循環期間	売上（万ドル）	顧客／社会事情
'92/01 ～ '95/03	a ～ c	3.2 ヶ年	$1/15/3	
'93/03 ～ '97/01	b ～ d	3.8 ヶ年	$15/3/30	外注生産増
'95/03 ～ '97/07	c ～ e	2.3 ヶ年	$3/30/27	在庫調整生産
'97/01 ～ '98/07	d ～ f	1.5 ヶ年	$30/27/42	社内生産増
'97/07 ～ '99/05	e ～ g	1.8 ヶ年	$27/42/35	
'98/07 ～ '00/05	f ～ h	1.8 ヶ年	$42/35/50	社内生産 設備購入
'99/05 ～ '02/08	g ～ i	3.3 ヶ年	$35/50/28	'01/09 9・11事件
'00/05 ～ '05/09	h ～ j	4.3 ヶ年	$50/28/106	
'02/08 ～ '06/01	i ～ k	3.4 ヶ年	$28/106/90	
'05/09 ～ '06/05	j ～ l	0.7 ヶ年	$106/90/99	
'06/01 ～ '06/09	k ～ m	0.7 ヶ年	$90/99/95	
'06/05 ～ '07/06	l ～ n	1.1 ヶ年	$99/95/109	
'06/09 ～ '09/12	m ～ o	3.3 ヶ年	$95/109/25	リーマンショック
'07/06 ～ '13/09	n ～ p	6.3 ヶ年	$109/25/50	リーマンショック後遺症
'09/12 ～ '14/05	o ～ q	4.4 ヶ年	$25/50/43	
'13/09 ～ '15/02	p ～ r	1.4 ヶ年	$50/43/45	
'14/05 ～ '16/06	q ～ s	2.1 ヶ年	$43/45/25	
'15/02 ～ '17/09	r ～ t	2.7 ヶ年	$45/43/40	
'16/06 ～ '18/01	s ～ u	1.7 ヶ年	$25/43/35	
'17/09 ～ '18/03	t ～ v	0.6 ヶ年	$40/35/39	
'18/01 ～ '18/09	u ～ w	0.8 ヶ年	$35/39/38	
平均値　2.4 ヶ年				

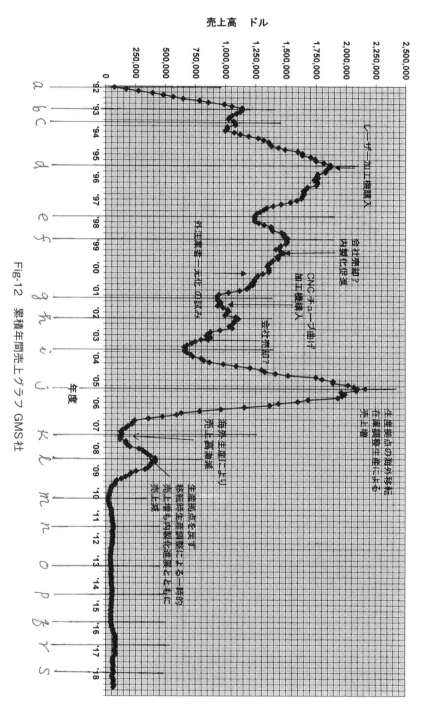

売上高履歴　GMS社　'92～'18

売上高　ドル

レーザー加工機購入

合社売却？
内製化促進

外注業者一元化の試み

CNC チューブ曲げ
加工機購入

本社売却？

海外生産により
売上高激減

生産拠点の海外移転
在庫調整生産による
売上増

生産拠点を戻す
移転将生産調整による一時的
売上増を内製化進展とともに
売上高減

年度

Fig-12　累積年間売上グラフ GMS社

「ショップ レイト」のギャップ

Fig-12は、私どものかつての2大顧客の1つ、GMS社の記録です。GMS社は、自動車のアフターマーケット商品を製造、販売しています。

1990年代の初めは、アメリカではTQM（Total Quality Management：総合品質経営）という、品質管理を中心としたJust In Timeに基づく外注による日本式製造手法が注目をされた時代で、当社のあるオレゴン州でも盛んに取り入れられました。GMS社もその例にもれず、1992年から1996年頃にかけて受注がわずか5万ドル（550万円）から190万ドル（2億1000万円）に増大しました。

通常、アメリカのビジネスでは、請負値段の適正値を判断するのに「時間当たりのショップ レイト」という言葉を使うことが多いようです。作業時間の推定がつけば簡単に費用が分かるからです。しかしながらこの言葉が実は曲者で、実際は会社によりその定義がまちまちなのです。

私どものような下請け専門の加工業者は、客先から材料を支給されて仕事をする労務提供が伝統的に一般的だったので、「ショップ レイト」とは「労務費と工場経費と営業一般管理費と会社経費、会社利益を複合単価にしたもの」を意味しますが、大多数の顧客では工場経費、一般管理費などは含んでいない製造現場の「労務費予算」で計上されるものだけをショップ レイトと考えているように思われます。

この単純なギャップが、「外注は高い。社内生産しないと利益が出ない」となり、社内生産へと移行していきます。移民文化の

アメリカでは「Out of pocket Expenses：自分の懐から金を出す」のは最悪手の1つであり、避けなければならず、いつも自分でするのが良い（Do it yourself, Help yourself）とするのがその文化の1つではないかと私は思っています。

　こうして190万ドル（2億1000万円）まで増えた受注も、GMS社のポリシー変更により急速に減少しました。彼らはレーザー加工機、チューブ加工機等を買い、粉体塗装装置を設置し、社内生産に傾注していき、私どもの受注は65万ドル（6500万円）まで縮小しました。

　さらに2003年にはNAFTA（北米自由貿易協定）のメリットを求めて生産拠点を海外に移転させました。当社はこのための在庫生産のため、一時的に210万ドル（2億1000万円）まで受注が復活しましたが、それが済んだら10万ドル（1000万円）の売上に急落しました。海外移転後約3年でまた国内生産に回帰しましたが、今度は社内生産に傾注し、その後は2万〜5万ドル（約200万〜500万円）程度になりました。

　私どもは営業活動の中で、「ショップ レイト」の見方の違いを説明することで、「外注することがいかに経済的であるか」と、外注に対する理解が進むように努力しています。

年月	景気循環	循環期間	売上（万ドル）	顧客／社会事情
'92/01 〜 '93/07	a 〜 c	1.5 ヶ年	$5/115/110	
'93/01 〜 '95/06	b 〜 d	2.4 ヶ年	$115/110/190	レーザー加工機購入
'93/07 〜 '97/10	c 〜 e	4.3 ヶ年	$110/190/123	
'95/06 〜 '98/10	d 〜 f	3.3 ヶ年	$190/123/158	
'97/10 〜 '01/04	e 〜 g	3.5 ヶ年	$123/158/93	社内生産
'98/10 〜 '02/03	f 〜 h	3.4 ヶ年	$158/93/110	'01/09 9・11事件

'01/04 ～ '03/08	g ～ i	2.3 ヶ年	$93/110/65	
'02/03 ～ '05/04	h ～ j	3.1 ヶ年	$110/65/210	生産拠点海外移転
在庫調整目的の生産				
'03/08 ～ '07/05	i ～ k	3.8 ヶ年	$65/210/10	
'05/04 ～ '08/06	j ～ l	3.2 ヶ年	$210/10/43	
'07/05 ～ '10/03	k ～ m	2.8 ヶ年	$10/43/7	海外生産撤退
'08/06 ～ '11/06	l ～ n	3.0 ヶ年	$43/7/8	リーマンショック
'10/03 ～ '13/03	m ～ o	3.0 ヶ年	$7/8/5	社内生産に集中
'11/06 ～ '14/06	n ～ p	3.0 ヶ年	$8/5/7	
'13/03 ～ '15/09	o ～ q	2.5 ヶ年	$5/7/5	
'14/06 ～ '16/09	p ～ r	2.3 ヶ年	$7/5/9	
'15/09 ～ '18/01	q ～ s	2.3 ヶ年	$5/9/6	
	平均値	2.9 ヶ年		

顧客の変化に対応できないと……

　Fig-13は、健康機具の製造販売会社で、高品質な商品で知られている事業者向け商品を中心に生産するXYZ社です。

　この会社は部材の一部を外注するだけでほぼすべてを社内生産していましたが、ファブリケーション部品の製造（粉体塗装を含む）を外注で賄い、アッセンブリー（組み立て作業）と品質管理のみの生産体制に変更する時点で、私どもとの取引が始まりました。当社も彼らの生産システムの中に取り入れられ、日本式の「元請―下請」関係となり、Just In Timeによる部品供給をするため、毎日トラック便を20年ほど走らせていました。

　計画的発注の助けにより、1999年5月～2007年1月の間では景気循環はないように見えます。景気循環が見られるのは2007年1月以降です。2008年9月のリーマンショックの影響をもろに受け、

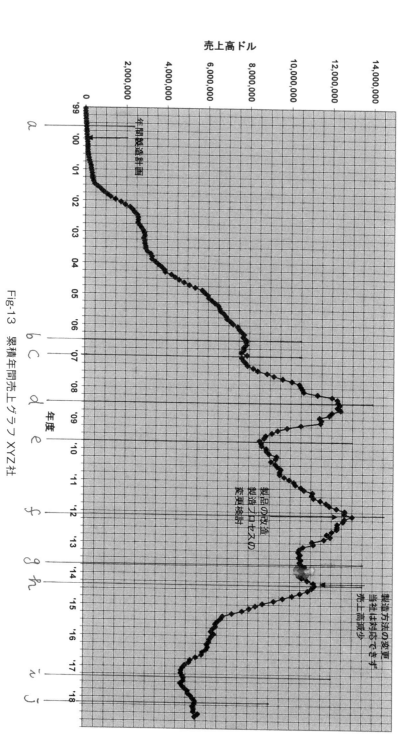

Fig-13　累積年間売上グラフ　XYZ社

400万ドル（4億4000万円）も受注を減らしました。2009年9月
から回復基調に入ったのですが、XYZ社の商品のリモデル、製
造プロセスの変更により、受注をさらに減らしたまま2018年に
至りました。

　客先の変化に応じた対応ができない限り、受注量の減少はやむ
を得ないと言わざるを得ず、私たちが自社のビジネスを見直し、
方針を再確認するいい機会となりました。

年月	景気循環	循環期間	売上（万ドル）	顧客／社会事情
'99/05 ～ '07/01	a ～ c	7.7 ヶ年	$20/800/750	
'06/06 ～ '08/06	b ～ d	2.0 ヶ年	$800/750/1250	
'07/01 ～ '09/09	c ～ e	2.7 ヶ年	$750/1250/850	
'08/06 ～ '12/02	d ～ f	3.7 ヶ年	$1250/850/1300	リーマンショック
'09/09 ～ '13/08	e ～ g	3.9 ヶ年	$850/1300/1050	製品リモデル
'12/02 ～ '14/04	f ～ h	2.2 ヶ年	$1300/1050/1130	製造方法変更
'13/08 ～ '17/04	g ～ i	3.7 ヶ年	$1050/1130/490	
'14/04 ～ '18/02	h ～ j	3.8 ヶ年	$1130/490/550	
	平均値	3.7 ヶ年		

　ここまでに挙げた5社の記録をまとめると、平均景気循環期間
は2.7年となり、1.35年で売上の上昇と下降を繰り返していたこ
とになります。実務的には、景気循環期間は3年で、1年半ごと
に売上の上昇、下降を繰り返すと考えるのが妥当でしょう。

　売上グラフに折々の社会情報と顧客情報を記録することは、売
上情報の推移を考える場合に大いに役立つと考えられます。これ
らの情報をコンピューター処理すれば、年間売上高推移グラフ、
景気循環が簡単に分かるでしょう。

顧客の景気循環の推定から迅速な営業判断ができる ─────

　Fig-14は前出したXYZ社をモデルにした累積売上記録における期間の効果を示したものです。比較のために、累積期間を3ヵ月、6ヵ月、1年としました。

　売上記録をグラフ化する目的は、ビジネスの実際の流れや傾向を簡単に理解する手段とするためです。単なる数字の記録では何も分かりません。月次の売上を単純に折れ線グラフや棒状グラフにしただけでは、実態は十分に理解できません。ある程度の期間の売上を累積することで傾向が表示され、時間的な傾向が分かるのです。「ある一定の時間」の基準としては、現在ビジネスの世界でよく使われる期間、4半期（3ヵ月）、半期（6ヵ月）、年次（1年）を使ってグラフの特徴を見ます。

　いわゆる景気変動（売上変動の循環を言う）は、累積期間が長いほど累積値は大きくなりますが、3ヵ月、6ヵ月の場合、それらの循環期間はおおむね1年から1年半であり、平均すると循環期間は1年で、売上は半年で増減を繰り返すことになります。

　累積期間が1年の場合は、1年前の売上に対する現在の売上の変化なので、その値が大きい場合には循環が見られます。けれども小さい場合は、3ヵ月、6ヵ月で循環が見られても、1年では見られず循環がない形になります。

　XYZ社の年次循環は3.5年です。これは、1.75年で売上がピークとなり、さらに1.75年かけて売上が減少して最初のレベルに戻ることを意味します。

　会社の決算は期間1年となっているので、「年間累積売上グラフ」とするのが妥当だと思います。

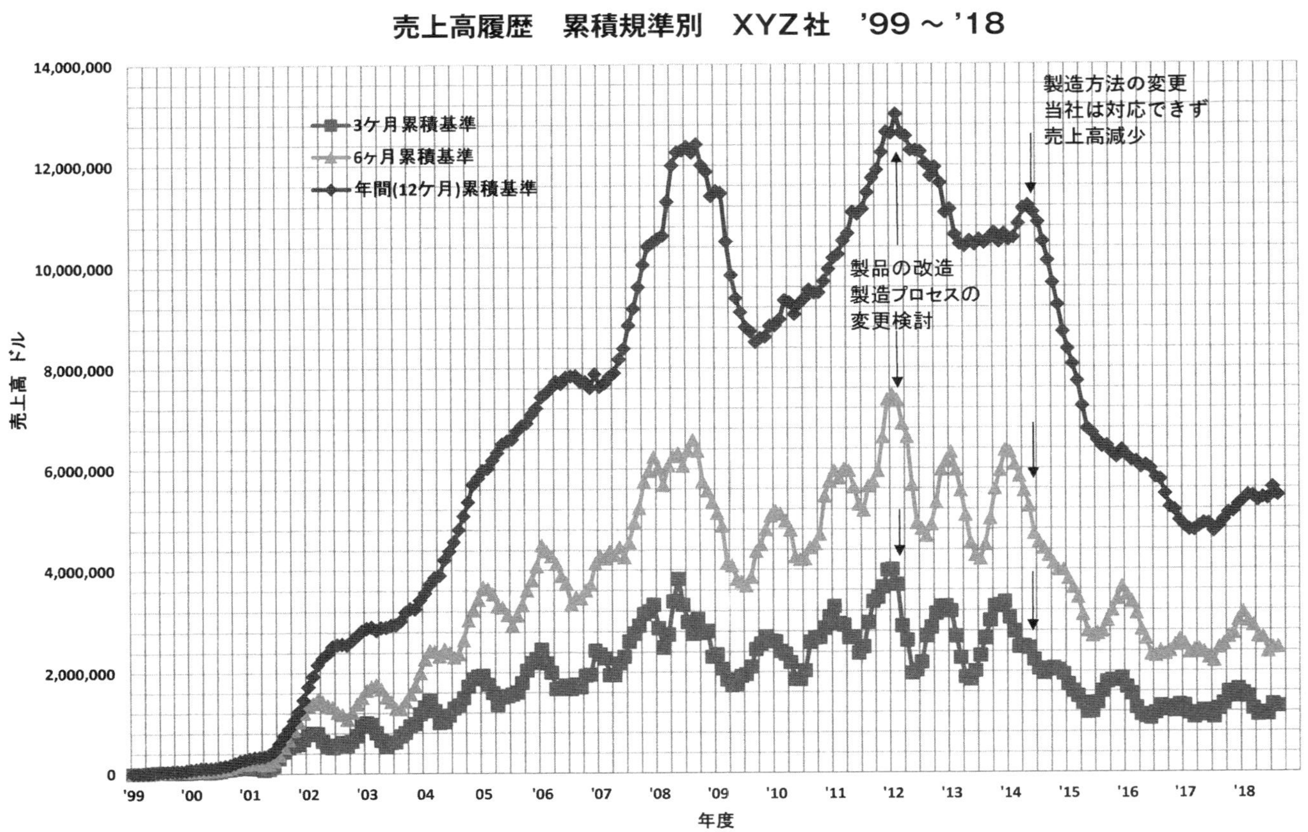

売上高履歴　累積規準別　XYZ社　'99～'18

凡例:
- 3ケ月累積基準
- 6ケ月累積基準
- 年間(12ケ月)累積基準

注記:
- 製造方法の変更　当社は対応できず　売上高減少
- 製品の改造　製造プロセスの変更検討

縦軸: 売上高 ドル
- 14,000,000
- 12,000,000
- 10,000,000
- 8,000,000
- 6,000,000
- 4,000,000
- 2,000,000
- 0

横軸: 年度
'99 '00 '01 '02 '03 '04 '05 '06 '07 '08 '09 '10 '11 '12 '13 '14 '15 '16 '17 '18

Fig-14　売上高履歴　累積規準別　XYZ社

この情報を利用するには使い分けが必要です。製造現場の労務管理や資材購入計画には短期間の累積データである４半期、半期を利用し、年次計画、売上計画には長期累積、すなわち年次累積データを利用するのが良いでしょう。

　このように、売上報告書は単なる売上記録報告ばかりでなく、客先や会社としての景気循環をも推定しうる資料となり、迅速な経営判断に大いに貢献しました。

4半期（3ヵ月）		半期（6ヵ月）		年次（1年）	
年月	循環期間	年月	循環期間	年月	循環期間
'01/04 ～ '02/08	1.3 ヶ年	'01/04 ～ '02/08	1.3 ヶ年	'01/04 ～ '06/12	循環無し
'02/08 ～ '03/06	0.8 ヶ年	'02/08 ～ '03/07	0.9 ヶ年	'06/12 ～ '09/09	2.8 ヶ年
'03/06 ～ '04/04	0.8 ヶ年	'03/07 ～ '04/07	1.0 ヶ年	'09/09 ～ '13/05	3.7 ヶ年
'04/04 ～ '05/05	1.1 ヶ年	'04/07 ～ '05/06	0.9 ヶ年	'13/05 ～ '17/05	4.0 ヶ年
'05/05 ～ '06/06	1.1 ヶ年	'05/06 ～ '06/05	0.9 ヶ年		
'06/06 ～ '07/04	0.8 ヶ年	'06/05 ～ '07/05	1.0 ヶ年		
'07/04 ～ '08/01	0.8 ヶ年	'07/05 ～ '08/02	0.8 ヶ年		
'08/01 ～ '09/04	1.3 ヶ年	'08/02 ～ '09/06	1.3 ヶ年		
'09/04 ～ '10/05	1.1 ヶ年	'09/06 ～ '10/06	1.0 ヶ年		
'10/05 ～ '11/06	1.1 ヶ年	'10/06 ～ '11/07	1.1 ヶ年		
'11/06 ～ '12/05	0.9 ヶ年	'11/07 ～ '12/07	1.0 ヶ年		
'12/05 ～ '13/05	1.0 ヶ年	'12/07 ～ '13/06	0.9 ヶ年		
'13/05 ～ '15/05	2.0 ヶ年	'13/06 ～ '15/06	2.0 ヶ年		
'15/05 ～ '16/06	1.1 ヶ年	'15/06 ～ '16/08	1.2 ヶ年		
平均値	1.0 ヶ年		1.0 ヶ年		3.5 ヶ年

4. 対年間予算対比業務実績　──実績と予算の対比

　年間予算に対する実績を表示する、「業務結果と予算との対比」記録をFig-15に示します。年間予算は、経年実績の時系列分析結果として、設定売上目標値に対して比例按分されたものです。その作成要領はのちほど詳述しますが、とりあえずその記録方法を説明します。

　当社では、原価管理の必要性から、製造部門を製造加工方法によって5つの部門に分類しています。それらは「ファブリケーション」「チューブ加工」「溶接加工」「レーザー加工」「粉体塗装」です。この5つの部門と会社の合計の6つを縦軸に、第4章内の「4. 損益計算書計画書」のFig-51（135頁）の費用項目である「売上高」「労務費」「材料費」「工場経費」「費用小計」「粗利」「一般管理費」「その他経費」「間接費小計」「税引き前利益高」の10項目を横軸に配します。

　縦軸の6つの部門には、それぞれ6つの内訳要素が記録されます。それらは部門名と同一の行に記載される部門年間予算額（各部門別）、2行目は売上対応現状予算額、3行目は累積当月売上、4行目は対実績予算達成率、5行目は対実績予算乖離率、6行目は対計画予算達成率となっています。

　部門年間予算額（各部門別）は、「損益計算書」Fig-51に基づき期首に記入されます。月次の結果は各部門第3行目の累積当月売上欄の、累積当月売上額、累積当月労務費、累積当月材料費、累積当月工場管理費に記入します。また一般管理費、その他経費

単位：千ドル

Fig-15　業務結果と予算との対比

注：1.工場経費の内訳分析に基づき工場経費の65%を固定費、35%を変動費と仮定しています。
　　2.本表の □ 部分はデータ挿入箇所です。
　　□ データは計算の正負の確認。

目標	売上高	労務費	材料費	工場経費	小計	粗利	営業費・一般管理費	その他経費	小計	税引き前利益高
全社全部門予算										
業務売上高基準予算	16,000	2,106	5,891	3,298	11,295	3,705	2,151	50	2,201	1,504
業務売上高基準実績値	16,478	2,314	6,472	3,412	12,197	4,281	2,386	-27	2,359	2,080
業務売上高基準予算実績差	478	-16.4%	-5.8%	-16.6%	-10.8%	-30.8%	-10.9%	-54.4%	-7.2%	603
予算達成率	100.0%	116.4%	105.8%	116.6%	110.8%	69.2%	110.9%	154.4%	107.2%	29.0%
業務売上高基準当初想定予算達成率	109.9%	127.9%	116.2%	120.6%	119.7%	79.9%	121.9%	-60.2%	108.1%	40.1%
アプリケーション部門予算										
業務売上高基準予算	4,750	504	1,951	993	3,448	1,302	537	15	552	750
業務売上高基準実績値	5,465	580	2,245	1,045	3,869	1,595	537	15	552	1,043
業務売上高基準予算実績差	715	-16.4%	-17.4%	-4.7%	-11.6%	-37.9%	-10.9%	-54.4%	-8.1%	-75.0%
予算達成率	100.0%	116.4%	117.4%	104.7%	111.6%	62.1%	110.9%	154.4%	108.1%	25.0%
業務売上高基準当初想定予算達成率	115.0%	127.9%	116.2%	120.6%	119.7%	88.1%	112.8%	-60.2%	107.2%	17.0%
チューブ加工部門予算										
業務売上高基準予算	5,200	601	2,497	1,038	4,136	1,064	672	18	690	374
業務売上高基準実績値	5,346	618	2,567	1,048	4,233	1,113	672	18	690	423
業務売上高基準予算実績差	146	-15.6%	-9.0%	-9.0%	-10.0%	-37.0%	0.5%	-49.0%	4.4%	-92.7%
予算達成率	100.0%	115.6%	109.0%	109.0%	110.0%	52.7%	100.5%	149.0%	104.4%	7.3%
業務売上高基準当初想定予算達成率	102.8%	118.9%	112.1%	110.1%	112.6%	64.9%	99.5%	8.3%	95.6%	73.3%
溶接加工部門予算										
業務売上高基準予算	2,500	706	520	665	1,891	609	531	8	539	70
業務売上高基準実績値	3,070	867	638	718	2,223	846	531	8	539	307
業務売上高基準予算実績差	570	-1.9%	-22.5%	-22.6%	-28.4%	-63.4%	-22.6%	-63.4%	-19.9%	-113.0%
予算達成率	100.0%	101.9%	122.5%	122.5%	110.8%	71.6%	122.6%	163.4%	119.9%	-13.0%
業務売上高基準当初想定予算達成率	122.8%	125.1%	134.8%	132.3%	130.3%	64.9%	122.6%	-63.3%	119.9%	-57.1%
レーザー加工部門予算										
業務売上高基準予算	1,400	123	473	342	938	462	178	4	182	280
業務売上高基準実績値	1,216	107	411	326	844	373	178	4	182	191
業務売上高基準予算実績差	118	10.4%	17.4%	4.9%	11.7%	17.9%	-0.5%	-50.2%	4.4%	-20.9%
予算達成率	100.0%	110.4%	117.4%	120.9%	117.9%	59.5%	98.9%	150.2%	95.6%	59.5%
業務売上高基準当初想定予算達成率	86.9%	95.9%	102.0%	115.2%	108.1%	48.0%	98.8%	-50.2%	95.6%	17.0%
自動販売機部門予算										
業務売上高基準予算	1,150	172	450	260	882	268	233	5	238	30
業務売上高基準実績値	1,381	207	541	278	1,025	356	233	5	238	118
業務売上高基準予算実績差	257	-24.2%	4.7%	-12.8%	-5.9%	-21.9%	-21.9%	-45.6%	-18.4%	-88.2%
予算達成率	100.0%	124.2%	95.3%	112.8%	105.9%	83.0%	121.9%	145.6%	118.4%	11.8%
業務売上高基準当初想定予算達成率	120.1%	149.2%	114.5%	120.6%	123.1%	52.7%	121.9%	-45.6%	118.4%	46.4%

正

五

は、会社合計欄にのみ累積当月一般管理費、累積当月その他経費
を記入します。

　これらの当該データをコンピューターに打ち込めば、コン
ピューターが自動的に実績と予算の対比表を作表してくれます。

　これが月次の予算管理法です。

5.　損益分岐点分析

「損益分岐点」は、もっとも一般的に知られた会社経営に関する
実務用語で、売上と費用の関係を示し、その大きさの比較により
「利益、損失、はたまた損得無し」を簡単に認識できる便利な道
具です。即ち、売上高が損益分岐点より多ければ利益が生じ、少
なければ損失を出し、売上高と損益分岐点が同じであれば損益無
しとなります。この、損益無しの状況を損益分岐点といい、その
売上を損益分岐点売上といいます。また、この損益分岐点は「採
算点」とも呼ばれます。

　会社の費用には2つの異なった費用、「固定費」と「変動費」
があります。売上の増減に応じて変化する費用が「変動費」で、
変化しない費用が「固定費」です。この便宜的な費用の分類は
「会社の運営の仕方、経理の仕方」によって異なります。100％完
璧な固定費、変動費というのはほとんどなく、どれだけ固定費と
しての要素が強いか、どれだけ変動費としての要素が強いかに
よって恣意的に分類されると考えます。例えば、人件費に関して
は一般的にアメリカでは変動費と思われていますが、日本では固
定費と考えられています。運搬費、梱包費、水道光熱費について

も同様です。

　そのため、私どもでもFig-16にあるように、費用を以下のように恣意的に分類しました。

〈変動費〉
　材料費・副資材費・外注費・変動労務費・契約労務費（臨時工費用）・残業労務費・運搬費・梱包費・水道光熱費
〈固定費〉
　労務費（労務費の30％の変動労務費を除く）・工場経費（副資材、残業代、水道光熱費を除く）・営業費（運搬費、梱包費を除く）・一般管理費・その他経費

　労務費は、変動労務費と固定労務費に分類されています。当社の場合、売上と労務費との関係を調査したところ、その増加率が約30％だったので、労務費の30％を変動労務費に、70％を固定労務費としました。
　変動費に分類される契約労務費（臨時工費用）は、製造費用に関するものだけで、営業経費、一般管理費に分類されるものは固定費として計上しました。また、工場経費、営業費、一般管理費のうち、残業労務費、運搬費、梱包費、水道光熱費を変動費とし、それ以外は固定費としました。

　この費用分類に基づいて、第4章内の「6.　損益分岐点売上高計画書」にあるFig-55「損益分岐点売上高予算」（142頁）のように、損益分岐点を各部門別、会社全体で計算し、年間予算書にある予算損益計算書と月次、4半期、年間で比較検討します。報

Fig-16　損益分岐点分析／会社全体

項目	予算目標	10月 月次	10月 実績	11月 月次	11月 実績	12月 月次	12月 実績	第四四半期 月次	第四四半期 実績	年間 月次	年間 実績
売上高	15,000,000 (100.0%)		1,463,918 (100.0%)		1,373,389 (100.0%)		1,530,637 (100.0%)		4,367,944	15,000,000	16,478,498
累積売上高			13,574,472		14,947,861		16,478,498		16,478,498		
目標売上高	1,250,000		1,250,000		1,250,000		1,250,000	3,750,000	1,250,000		15,000,000
目標売上高達成率			117.1%		109.9%		122.5%		116.5%		109.9%
累積売上高達成率			90.5%		99.7%		109.9%				109.9%
変動費											
(1)材料費	4,840,000 (32.3%)	472,358 (32.3%)	500,685 (34.2%)	443,147 (32.3%)	473,326 (34.5%)	493,886 (32.3%)	638,226 (41.7%)	1,409,390 (32.3%)	1,612,237 (36.9%)	5,317,062 (32.3%)	5,575,007 (33.8%)
(2)副資材費	425,000 (2.8%)	41,478 (2.8%)	60,571 (4.1%)	38,913 (2.8%)	4,008 (0.3%)	43,388 (2.8%)	38,637 (2.5%)	123,758 (2.8%)	103,216 (2.4%)	466,891 (2.8%)	500,236 (3.0%)
(3)外注費	1,051,000 (7.0%)	102,572 (7.0%)	141,261 (9.6%)	96,229 (7.0%)	116,310 (8.5%)	107,247 (7.0%)	114,272 (7.5%)	306,047 (7.0%)	371,843 (8.5%)	1,154,593 (7.0%)	1,271,640 (7.7%)
(4)変動労務費	470,000 (3.1%)	45,908 (3.1%)	45,799 (3.1%)	43,069 (3.1%)	46,422 (3.4%)	48,001 (3.1%)	50,027 (3.3%)	136,979 (3.1%)	142,249 (3.3%)	516,766 (3.1%)	575,784 (3.5%)
(5)契約労務費	538,000 (3.6%)	52,506 (3.6%)	94,739 (6.5%)	49,259 (3.6%)	87,369 (6.4%)	54,899 (3.6%)	77,778 (5.1%)	156,664 (3.6%)	259,886 (5.9%)	591,029 (3.6%)	773,779 (4.7%)
(6)荷造労務費用	91,404 (0.6%)	8,921 (0.6%)	13,387 (0.9%)	8,369 (0.6%)	8,804 (0.6%)	9,327 (0.6%)	13,908 (0.9%)	26,617 (0.6%)	36,099 (0.8%)	100,413 (0.6%)	155,413 (0.9%)
(7)運搬費	140,000 (0.9%)	13,663 (0.9%)	17,862 (1.2%)	12,818 (0.9%)	14,631 (1.1%)	14,286 (0.9%)	16,790 (1.1%)	40,767 (0.9%)	48,283 (1.1%)	153,799 (0.9%)	166,810 (1.0%)
(8)梱包費	53,000 (0.4%)	5,173 (0.4%)	6,719 (0.5%)	4,853 (0.4%)	2,791 (0.2%)	5,408 (0.4%)	4,094 (0.3%)	15,433 (0.4%)	13,604 (0.3%)	58,224 (0.4%)	60,286 (0.4%)
(9)光熱水道費	218,000 (1.5%)	21,276 (1.5%)	22,315 (1.5%)	19,960 (1.5%)	23,467 (1.7%)	22,245 (1.5%)	22,731 (1.5%)	63,481 (1.5%)	68,513 (1.6%)	239,488 (1.5%)	270,390 (1.6%)
合計	7,826,804 (52.2%)	763,853 (52.2%)	903,338 (61.7%)	716,616 (52.2%)	777,128 (56.6%)	798,666 (52.2%)	975,463 (63.7%)	2,279,136 (52.2%)	2,685,930 (60.8%)	8,598,265 (52.2%)	9,349,345 (56.7%)
限界利益高	7,173,196 (47.8%)	700,065 (47.8%)	560,580 (38.3%)	656,773 (47.8%)	596,261 (43.4%)	731,971 (47.8%)	555,174 (36.3%)	2,088,808 (47.8%)	1,712,014 (39.2%)	7,880,233 (47.8%)	7,129,153 (43.3%)
固定費											
(1)労務費	1,097,600 (7.3%)	91,467 (6.2%)	106,884 (7.3%)	91,467 (6.7%)	108,319 (7.9%)	91,467 (8.0%)	116,731 (7.6%)	274,400 (6.3%)	331,913 (7.6%)	1,097,600 (6.7%)	1,343,496 (8.2%)
(2)工場経費	2,563,598 (17.1%)	213,633 (14.6%)	261,744 (17.9%)	213,633 (15.6%)	319,055 (23.2%)	213,633 (14.0%)	281,508 (18.4%)	640,899 (14.7%)	862,307 (19.7%)	2,563,598 (15.6%)	3,051,486 (18.5%)
(3)小計(製造固定費)	3,661,196 (24.4%)	305,100 (20.8%)	368,608 (25.2%)	305,100 (22.2%)	427,374 (31.1%)	305,100 (19.9%)	398,239 (26.0%)	915,299 (21.0%)	1,194,220 (27.3%)	3,661,196 (22.2%)	4,394,982 (26.7%)
(4)営業費	875,000 (5.8%)	72,917 (5.0%)	72,758 (5.0%)	72,917 (5.3%)	80,329 (5.8%)	72,917 (4.8%)	73,473 (4.8%)	218,750 (5.0%)	226,560 (5.2%)	875,000 (5.3%)	908,305 (5.5%)
(5)一般管理費	1,083,000 (7.2%)	90,250 (6.2%)	109,878 (7.5%)	90,250 (6.6%)	107,729 (7.8%)	90,250 (6.2%)	119,469 (7.7%)	270,750 (6.2%)	337,076 (7.7%)	1,083,000 (6.6%)	1,250,461 (7.6%)
(6)その他経費	50,000 (0.3%)	4,167 (0.3%)	102 (0.0%)	4,167 (0.3%)	9,439 (0.7%)	4,167 (0.3%)	-4,584 (-0.3%)	12,500 (0.3%)	4,957 (0.1%)	50,000 (0.3%)	-27,209 (-0.2%)
合計	5,669,196 (37.8%)	472,433 (32.3%)	551,346 (37.7%)	472,433 (34.4%)	624,871 (45.5%)	472,433 (30.9%)	586,597 (38.3%)	1,417,299 (32.4%)	1,762,813 (40.4%)	5,669,196 (34.4%)	6,526,539 (39.6%)
総原価	13,496,000 (90.0%)	1,236,286 (84.5%)	1,454,684 (99.4%)	1,189,049 (86.6%)	1,401,999 (102.1%)	1,271,099 (83.0%)	1,562,060 (102.1%)	3,696,435 (84.6%)	4,418,743 (101.2%)	14,267,461 (86.6%)	15,875,884 (96.3%)
取引準利益高	1,504,000 (10.0%)	227,632 (15.5%)	9,234 (0.6%)	184,340 (13.4%)	-28,610 (-2.1%)	259,538 (17.0%)	-31,423 (-2.1%)	671,509 (15.4%)	-50,799 (-1.2%)	2,211,037 (13.4%)	602,614 (3.7%)
損益分岐点売上高	11,854,958 (79.0%)	987,913 (67.5%)	1,439,804 (98.4%)	987,913 (71.9%)	1,439,287 (104.8%)	987,913 (64.5%)	1,617,272 (105.7%)	987,913 (67.9%)	4,497,550 (103.0%)	11,854,965 (71.9%)	15,085,601 (91.5%)
(月当たり)	987,913		1,439,804		1,439,287		1,617,272		1,499,183		1,257,133
損益分岐点売上高比重	79.0%	67.5%	98.4%	71.9%	104.8%	64.5%	105.7%	67.9%	103.0%	71.9%	91.5%
損益分岐点売上高安全率	21.0%	32.5%	1.6%	28.1%	-4.8%	35.5%	-5.7%	32.1%	-3.0%	28.1%	8.5%
			216,553		186,309		176,819				2,961,267

データ分析計算の正割判定(粗利)による連鎖)-月次決算書と比較
注:着色部分はデータ挿入部分です。

告書の形式は、毎月予算額と実際額が対比されていて比較検討できるようになっています。

　作成にあたり入力するデータは、実績欄の売上高、変動費の項目の（1）から（9）まで、そして固定費の項目の（1）と（2）、および（4）から（6）までです（Fig-16参照）。入力すれば自動的に「損益分岐点分析」の計算書が作成され、これは「月次決算書」にも記載されます。

6. 工場運用報告書（製造現場業務結果報告）

　このレポートは、製造現場で発生するあらゆる原価要素を月次製造実績に基づいて分析し、生産性を検討するものです。分析は部門別と会社全体との6部門です。使用するデータはすべて「月次決算書」に記載されており、それを必要箇所に記入すれば自動的に原価要素が計算されます。

　Fig-17の「製造現場業務結果報告」が「工場運用報告書」です。記入するデータは、「完成在庫高」「仕掛品在庫高」「売上高原価」「製造／契約社員直接労務費」「製造／契約社員総労務費」だけで、他の要素は「月次決算書」やその他の関連資料から自動的に記録され、ある部分はそれらのデータに基づいて自動的に計算されています。

　ここに表示される原価要素は次のとおりです。

Fig-17 製造現場業務結果報告／会社全体

（材料費含む）	前年度	当年度 1	2	3	4	5	6	7	8	9	10	11	12	平均値	中央値	合計
完成品在庫高	721,368	680,512	743,095	720,055	633,916	585,435	587,415	623,455	602,904	555,404	595,906	635,627	496,790	621,710	613,180	
仕掛品在庫高	400,260	466,996	477,482	466,132	499,864	616,805	567,210	616,585	590,527	732,237	707,857	697,038	706,403	599,578	603,666	
売上高原価		579,531	570,373	762,811	753,060	791,687	896,032	696,793	970,621	809,778	889,348	831,746	997,024	794,975	800,733	9,539,704
売上高		1,036,825	971,284	1,406,216	1,371,785	1,504,956	1,577,679	1,232,908	1,626,836	1,382,065	1,463,918	1,373,389	1,530,637	1,373,208	1,394,141	16,478,499
外注費		73,939	104,505	124,285	85,543	100,700	103,465	104,934	120,174	82,152	141,261	116,310	114,272	105,970	104,720	1,271,640
調整済み売上高原価（売上高原価-外注費）		505,592	465,868	638,526	668,307	690,987	782,567	591,859	850,447	727,626	748,087	715,436	882,762	689,005	703,212	8,268,064
調整済み売上高（売上高-外注費）		962,886	866,779	1,281,931	1,286,142	1,404,256	1,474,214	1,127,974	1,506,662	1,299,913	1,322,657	1,257,079	1,416,365	1,267,238	1,293,028	15,206,858
製造売上原価		531,472	538,937	604,136	615,900	759,447	734,952	727,274	753,838	821,836	764,009	744,538	753,290	695,802	739,745	8,349,629
製造売上高		950,844	917,752	1,113,704	1,120,608	1,443,669	1,308,664	1,286,841	1,263,491	1,402,645	1,257,603	1,229,390	1,156,444	1,204,305	1,243,496	14,451,654
直接労務時間数		5,843.13	6,178.28	7,519.19	7,234.25	8,278.77	7,873.84	7,260.02	7,946.67	7,333.97	6,745.35	6,178.28	6,178.28	7,047.50	7,247.14	84,570
直接労務投入人工数		37.50	38.00	39.50	40.00	41.00	40.50	41.50	40.00	38.00	38.00	39.50	39.50	39.64	39.75	
直接労務投入人工当たり直接労務時間数		155.82	162.59	190.36	180.86	201.92	194.42	174.94	198.67	188.00	177.51	156.41	154.46	178.00	179.18	2,136
契約労務投入人工数		9.65	7.59	16.17	10.19	11.24	16.17	19.59	24.01	21.47	24.66	16.99	16.58	15.92	16.58	190.99
合計直接労務時間数		7,515.48	7,493.63	9,108.35	9,000.18	10,226.66	10,676.10	10,654.97	12,107.60	11,054.72	11,018.93	9,122.65	9,689.34	9,805.72	9,958.00	117,669
製造社員労働時間（契約社員除く）		6,776.33	7,091.80	8,665.69	8,376.56	9,462.90	9,106.73	8,330.63	9,241.25	8,542.16	8,070.20	7,401.79	7,776.47	8,236.88	8,353.69	98,843
製造/契約社員労働時間（契約社員含む）		8,448.68	8,407.15	10,254.85	10,142.49	11,410.79	11,908.99	11,725.58	13,402.18	12,262.91	12,343.78	10,346.16	11,287.53	10,995.09	11,349.16	131,941
製造社員直接労務費		133,131.00	137,402.00	173,220.00	167,957.00	175,358.00	182,645.00	132,178.00	194,318.00	148,909.00	152,663.00	154,741.00	166,758.00	159,940.00	160,749.50	1,919,280
契約社員労務費		36,138.00	29,627.00	38,637.00	38,024.00	33,424.00	69,861.00	71,224.00	83,774.00	104,490.00	94,739.00	87,369.00	87,778.00	64,481.58	70,542.50	773,779
製造/契約社員総労務費		169,269.00	167,029.00	211,857.00	201,381.00	208,782.00	252,506.00	203,402.00	278,092.00	253,399.00	247,402.00	242,110.00	244,536.00	224,421.58	232,093.00	2,693,059
製造/契約社員1人当り製造売上高		216,276.00	208,450.00	294,861.00	254,494.00	283,584.00	304,502.00	260,341.00	333,743.00	317,068.00	304,171.00	304,833.00	311,046.00	280,280.75	293,877.50	3,363,369
製造社員1人当り製造売上高		20,196.36	20,130.55	22,882.76	22,327.32	27,635.33	23,092.72	21,064.68	19,738.96	23,195.71	20,070.26	21,762.97	19,190.90	21,771.54	21,413.82	261,259
直接労務時間当り製造売上高		162.73	148.54	148.11	154.90	174.38	166.20	177.25	159.00	191.25	186.44	198.99	187.18	171.25	170.29	
製造社員直接労務費当り製造売上高		7.14	6.68	6.43	6.67	8.23	7.17	9.74	6.50	9.42	8.24	7.94	6.93	7.59	7.15	
合計直接労務時間当り製造売上高		126.52	122.27	122.27	124.51	141.17	122.58	120.77	104.36	126.88	114.13	134.76	119.35	123.31	122.52	
製造/契約社員直接労務費当り製造売上高		5.62	5.49	5.26	5.56	6.50	5.18	6.33	4.54	5.54	5.08	5.08	4.73	5.41	5.38	
製造/契約社員労働時間当り製造売上高		112.54	109.16	108.60	110.49	126.52	109.99	109.75	94.28	114.38	101.88	118.83	102.45	109.90	109.82	
製造/契約社員総労務費当り製造売上高		4.40	4.40	4.20	4.40	5.09	4.30	4.94	3.79	4.42	4.13	4.03	3.72	4.32	4.35	
製造売上高当り製造/契約社員直接労務費		0.178	0.182	0.190	0.180	0.154	0.193	0.158	0.220	0.181	0.197	0.197	0.211	0.187	0.186	
製造売上高当り製造/契約社員総労務費		0.227	0.227	0.238	0.227	0.196	0.233	0.202	0.264	0.226	0.242	0.248	0.269	0.233	0.230	
売上高原価総粗利		457,294	400,911	643,405	617,835	713,269	691,647	536,115	656,215	572,287	574,570	541,643	533,603	578,233	573,429	6,938,794
総直接労務時間当り売上高原価当り粗利		2,810	2,699	4,344	3,989	4,090	4,161	3,025	4,127	2,992	3,082	2,722	2,851	3,408	3,053	
売上高原価当り売上高原価総粗利		44.1%	41.3%	45.8%	45.0%	47.4%	43.8%	43.5%	40.3%	41.4%	39.2%	39.4%	34.9%	42.2%	42.4%	42.1%
工場経営総粗利		15.0%	9.0%	22.5%	19.4%	26.9%	22.9%	20.6%	17.3%	18.3%	14.8%	13.6%	11.6%	17.7%	17.8%	18.0%

注：濃色部分はデータ挿入画面所を示す。

完成品在庫高	直接労務時間数
仕掛品在庫高	直接労務人工数
売上高原価	直接労務者1人当たり直接労務時間数
売上高	契約労務者数
外注費	合計直接労務時間数
調整済み売上高原価	製造社員総労働時間数
調整済み売上高	製造／契約社員労働時間
製造高原価	製造社員直接労務費
製造高売上高	契約社員労務費
製造／契約社員総労務費	製造／契約社員直接労務費
製造／契約社員1人当たり製造高売上高	直接労務時間当たり製造高売上高
製造社員直接労務当たり製造高売上高	合計直接労務時間当たり製造高売上高
製造／契約社員直接労務費当たり製造高売上高	
製造／契約社員労働時間当たり製造高売上高	製造／契約社員総労務費
製造高売上高当たり製造／契約社員直接労務費	
製造高売上高当たり製造／契約社員総労務費	
売上高原価後粗利	
総直接労務時間当たり製造高売上高当たり粗利	
売上高当たり売上高原価後粗利	
工場経費後粗利	

　Fig-18は、材料費と外注費を除く「労務費」だけの場合の工場生産性を計算したものです。その原価要素は以下のとおりです。

　　　材料費、外注費／売上生産高／１人当たり生産高／

　　　時間当たり調整生産高／ショップレイト比／

　　　製造高当たり合算労務費／製造高当たり合計労務費

　　　合計時間当たり生産高／合算合計労務費当たり生産高

（材料費含まず）

	前年度 12	当年度 1	2	3	4	5	6	7	8	9	10	11	12	中央値	平均値	合計
材料/外注費用	540,234	410,262	403,344	550,954	552,570	569,611	633,526	493,391	692,529	556,380	641,948	589,636	752,498	562,996	570,554	6,846,647
製造高売上高(材料/外注費除外)		540,582	514,408	562,750	568,038	874,058	675,138	793,450	570,962	846,265	615,657	639,754	403,946	593,309	633,751	7,605,007
総労務者数当り製造高売上高		11,465.15	11,283.35	11,562.57	11,317.75	16,731.59	11,913.50	12,988.22	8,919.89	13,994.78	9,825.36	11,325.09	6,703.38	11,395	11,502.55	138,031
直接労務時間当り製造高売上高		71.93	68.65	61.78	63.11	85.47	63.24	74.47	47.16	76.55	55.87	70.13	41.69	65.94	65.00	
予算ショップレイト当り																
直接労務時間当り総製造高売上高		0.92	0.88	0.79	0.81	1.09	0.81	0.95	0.60	0.98	0.71	0.90	0.53	0.84	0.83	
製造高売上高当り総製造/契約社員直接労務費		0.313	0.325	0.376	0.355	0.254	0.374	0.256	0.350	0.444	0.292	0.393	0.382	0.353	0.343	
製造高売上高当り総製造/契約社員総労務費		0.400	0.405	0.471	0.448	0.324	0.451	0.328	0.421	0.555	0.359	0.495	0.486	0.434	0.429	
総製造/契約社員数労務時間当り総製造高売上高		63.98	61.19	54.88	56.01	76.60	56.69	57.58	59.20	46.56	68.56	59.51	56.68	58.39	59.79	
総製造/契約社員総労務費当り総製造高売上高		2.50	2.47	2.12	2.23	3.08	2.22	3.05	2.38	1.80	2.78	2.02	2.06	2.30	2.39	

注：ショップレイト 78.32ドル

Fig-18　工場運用費用（材料費なし）

この表へのデータ入力は「材料費／外注費（材料／外注費用）」だけで、他のデータは関連資料からコンピューターで自動的に転記されます。

　このようにして月次で工場の生産性を「工場運用報告」として記録しますが、記録された数値そのものは特別な意味がありません。ただ単に、この時点の数値だったというだけなので、多くのデータを集積して時系列変化の傾向を分析することによって、初めて数値の意味が出てきます。

7. 工場労務状況報告書

　当社の業務に携わる労働力を製造部門と非製造部門に分類し、労働人数、労働時間、社員と契約労働者に分けて月次ごとに記載したものが「工場労務報告書」となる「登用人材報告書」です。

　Fig-19は、製造の5部門とその合計人数、その直接労働時間を月次で記録し、年次に合計したものです。同様にFig-20は契約労働者について記録し、それをFig-19の社員労働者の記録と合計した、合算合計労働人数、合算合計直接労働時間、合算合計労働時間を記載したものです（合算とは、製造担当社員と臨時工との合計を意味する）。また、Fig-21には非製造部門に携わる社員人数と契約労働者数を記してあります。

　管理の目的は、予算管理と現状認識であるため、合算合計労働時間、合算合計直接労働時間については月次で予算と対比しました。その他については半期ごとに集計し、百分比や平均値で数値の変化を観察します。

Fig-19　登用人材報告

製造担当社員総人数

	合計 12ケ月	合計% 12ケ月	平均 12ケ月
ファブリケーション部	120.50	25.4%	10.04
チューブ部	133.00	28.0%	11.08
溶接部	129.50	27.3%	10.79
レーザー加工部	35.00	7.4%	2.92
粉体塗装部	56.50	11.9%	4.71
合計	474.50	100.0%	39.54

製造担当社員総労働時間

	合計 12ケ月	合計% 12ケ月	平均 12ケ月
ファブリケーション部	26,875.49	27.2%	2,239.62
チューブ部	27,928.15	28.3%	2,327.35
溶接部	26,496.18	26.8%	2,208.02
レーザー加工部	5,361.64	5.4%	446.80
粉体塗装部	12,181.05	12.3%	1,015.09
合計	98,842.51	100.0%	8,236.88

製造担当社員総直接労働時間

	合計 12ケ月	合計% 12ケ月	平均 12ケ月	直接労務比率 12ケ月
ファブリケーション部	23,708.11	27.9%	1,975.68	88.2%
チューブ部	23,810.76	28.0%	1,984.23	85.3%
溶接部	23,313.52	27.4%	1,942.79	88.0%
レーザー加工部	4,330.73	5.1%	360.89	80.8%
粉体塗装部	9,793.07	11.5%	816.09	80.4%
合計	84,956.19	100.0%	7,079.68	86.0%
間接労務時間比率	14.0%		14.0%	

注：製造担当契約社員の労務時間はすべて直接労務時間と仮定する。

製造担当契約社員総人数/直接労働時間

	合計 12ケ月	合計% 12ケ月	平均 12ケ月	契約社員数 12ケ月
ファブリケーション部	8,375.28	25.9%	697.94	4.14
チューブ部	6,322.32	19.5%	526.86	3.12
溶接部	14,360.40	44.4%	1,196.70	7.10
レーザー加工部	1,684.96	5.2%	140.41	0.83
粉体塗装部	1,633.76	5.0%	136.15	0.81
合計	32,376.72	100.0%	2,698.06	16.00

製造社員/契約社員総合計直接労働時間

部門	製造社員 12ヶ月	契約社員	合計 12ヶ月	合計% 12ヶ月	平均値	計画値	予算	実績値	対計画値 12ヶ月	対実績値
ファブリケーション部	26,875.49	8,375.28	35,250.77	26.9%	2,937.56	30,872		35,251	114.2%	100.0%
チューブ部	27,928.15	6,322.32	34,250.47	26.1%	2,854.21	35,435		34,250	96.7%	100.0%
溶接部	12,181.05	1,633.76	13,814.81	10.5%	1,151.23	15,964		13,815	86.5%	100.0%
レーザー加工部	26,496.18	14,360.40	40,856.58	31.1%	3,404.72	38,127		40,857	107.2%	100.0%
粉体塗装部	5,361.64	1,684.96	7,046.60	5.4%	587.22	9,228		7,047	76.4%	100.0%
合計	98,842.51	32,376.72	131,219.23	100.0%	10,934.94	129,626		131,219	101.2%	100.0%

製造社員/契約社員総合計直接労働時間

部門	製造社員 12ヶ月	契約社員	合計 12ヶ月	合計% 12ヶ月
ファブリケーション部	23,708.11	8,375.28	32,083.39	24.5%
チューブ部 同上合算	23,810.76	6,322.32	30,133.08	23.0%
溶接部	47,518.87	14,697.60	62,216.47	47.4%
レーザー加工部 同上合算	23,313.52	14,360.40	37,673.92	28.7%
粉体塗装部	4,330.73	1,684.96	6,015.69	4.6%
溶接部	9,793.07	1,633.76	11,426.83	8.7%
合計	84,956.19	32,376.72	117,332.91	89.4%

製造社員/契約社員総合計平均直接労働時間

部門	平均値 12ヶ月	計画値	予算	実績値	対計画値 12ヶ月	対実績値
ファブリケーション部	2,673.62	27,260		32,083	117.7%	100.0%
チューブ部 同上合算	2,511.09	31,147		30,133	96.7%	100.0%
溶接部	5,184.71	58,407		62,216	106.5%	100.0%
レーザー加工部 同上合算	3,139.49	34,505		37,674	109.2%	100.0%
粉体塗装部	501.31	7,641		6,016	78.7%	100.0%
溶接部	952.24	13,490		11,427	84.7%	100.0%
合計	9,777.74	114,043		117,333	102.9%	100.0%

製造社員/契約社員総合計人数/労務時間

部門	平均合計人工数 12ヶ月	年間労務時間/1人 12ヶ月
ファブリケーション部	14.18	2,486
チューブ部 同上合算	14.21	2,411
溶接部	28.39	2,448
レーザー加工部 同上合算	17.89	2,284
粉体塗装部	3.75	1,880
溶接部	5.52	2,505
合計	55.54	2,363

人工合計数 / 契約社員総合計人数

部門	人工合計数 12ヶ月	合計% 12ヶ月
ファブリケーション部	170.16	25.5%
チューブ部 同上合算	170.48	25.6%
溶接部	340.64	51.1%
レーザー加工部 同上合算	214.64	32.2%
粉体塗装部	44.99	6.8%
溶接部	66.19	9.9%
合計	666.46	100.0%

人工合計数 / 契約社員総合計人数 平均合計人工数

部門	平均合計人工数 12ヶ月
ファブリケーション部	14.18
チューブ部 同上合算	14.21
溶接部	28.39
レーザー加工部 同上合算	17.89
粉体塗装部	3.75
溶接部	5.52
合計	55.54

注：着色部分はデータ挿入部分

注：製造担当契約社員の労務時間はすべて直接労働時間と仮定する。

Fig-20　製造総労務人数／総労働時間報告

Fig-21　登用人材数

非製造部門登用人材数

当社社員

	合計 12ヶ月	部門比率 12ヶ月	平均社員数 12ヶ月
運輸担当者	60.00	16.1%	5.00
製造管理者	48.00	12.9%	4.00
営業担当者	49.00	13.2%	4.08
技術担当者	72.00	19.4%	6.00
総務担当者	61.75	16.6%	5.15
品質管理者	23.00	6.2%	1.92
役員	24.00	6.5%	2.00
修理担当者	34.00	9.1%	2.83
合計	371.75	100.0%	30.98

契約社員

	合計 12ヶ月	部門比率 12ヶ月	平均社員数 12ヶ月
運輸担当者	0.11	0.0%	0.01
製造管理者	0.00	0.0%	0.00
営業担当者	0.00	0.0%	0.00
技術担当者	0.00	0.0%	0.00
総務担当者	11.61	3.1%	0.97
品質管理者	0.00	0.0%	0.00
役員	0.00	0.0%	0.00
修理担当者	0.00	0.0%	0.00
合計	11.72	3.2%	0.98

社員/契約社員

	合計 12ヶ月	部門比率 12ヶ月	平均社員数 12ヶ月
運輸担当者	60.01	16.1%	5.00
製造管理者	48.00	12.9%	4.00
営業担当者	49.00	13.2%	4.08
技術担当者	72.00	19.4%	6.00
総務担当者	73.36	19.7%	6.11
品質管理者	23.00	6.2%	1.92
役員	24.00	6.5%	2.00
修理担当者	34.00	9.1%	2.83
合計	383.37	103.1%	31.95

会社登用総人材数—製造、非製造部門

社員/契約社員

	合計 12ヶ月	部門比率 12ヶ月	平均社員数 12ヶ月
役員	24.00	2.3%	2.00
総務担当者	73.36	7.1%	6.11
技術担当者	72.00	6.9%	6.00
営業担当者	49.00	4.7%	4.08
製造担当者	727.14	70.2%	60.60
品質管理者	23.00	2.2%	1.92
修理担当者	34.00	3.3%	2.83
運輸担当者	34.00	3.3%	2.83
合計	1,036.50	100.0%	86.38

このようにして集計されたデータは、月次のみならず、年次として集計され、労務分析に使用されます。

8. 工場従業員労働時間／給与報告書

　Fig-22、Fig-23は「工場従業員労働時間／給与報告書」であり、当社の製造部門従業員の1週間当たりの労働時間と報酬額を示すと同時に、オレゴン州内の同業種に従事する人々と比較検討し、当社の従業員の給与水準が公的資料にある世間一般と比較して妥当であるかどうか判断するための資料です。

　公的資料はコンピューターで誰でも簡単に検索できる、アメリカ労働省労働統計局発行の「州および地域の雇用、労働時間と賃金」の中にある、「オレゴン州製造業労務報告　労働時間／給与報告」です。この報告は毎月20日以降に前月データが計上されるので、月次レポートに使用するのに大変便利です。

　もう1つの公的資料に、オレゴン州政府雇用局が発行している「オレゴン労働事情」がありますが、これは発行時期が2ヵ月後なので、有用な年次雇用資料ではありますが、月次資料としては利用できませんでした。

　この「工場従業員労働時間／給与報告書」の情報は、現場の部課長に好評でした。日本では社員の雇用は会社の人事部や総務部の仕事となっているところがほとんどですが、アメリカではそれぞれの管理者の仕事となっているようで、それぞれの部門の管理者、課長や部長が、割り当てられた予算の中で任意に採用していました。そのために役に立つ情報なのです。

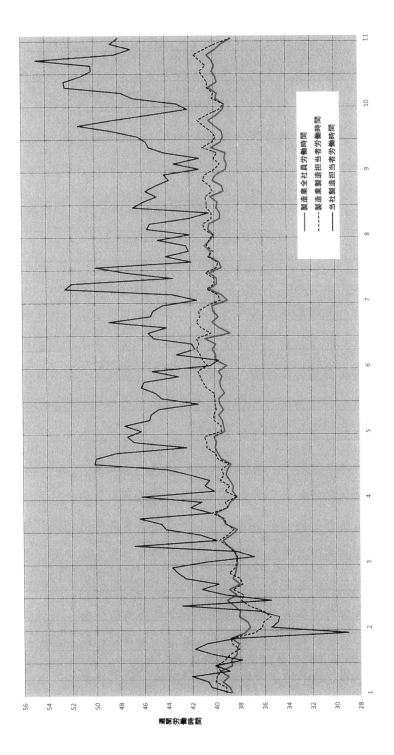

Fig-22 週間労働時間比較――オレゴン州製造業と当社（10年間）

凡例:
製造業全社員労働時間
製造業製造担当者労働時間
当社製造担当者労働時間

縦軸: 週間労働時間

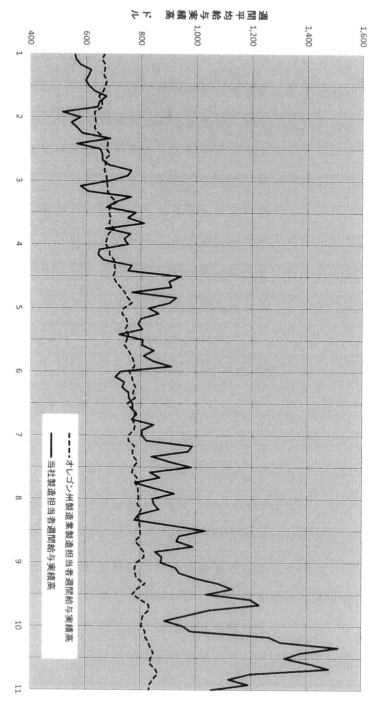

製造担当者週間給与実績比較
オレゴン州と当社 10年間

Fig-23　平均給与実績比較

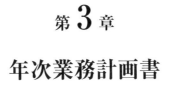

第3章

年次業務計画書

年間予算書である「年次業務計画書」は、「数字による経営」を具現化するのに必須の物です。何回もの試行錯誤を繰り返して、最終的に「もっとも実際的で、個人的な嗜好が入らない、誰でも簡単に作れる」年次業務計画書として作成したもので、過去の実績に基づく平均値経営をするための予算書となります。それゆえ、簡単に言えば、過去の実績数字さえあれば誰でもパソコンのエクセルを使って簡単に作成できるものです。

　それでは、「年次業務計画書」の説明をします。

年次売上目標の決定

　通常、中小零細企業での売上目標額の設定は、非論理的に行われているのではないかと私は感じています。多くの場合、「社長の鶴の一声」で決まったり、あるいは単純に「前年比5％アップ、10％アップ」等々、大変歯切れの良い数字を並べているだけなのではないでしょうか。

　営業目標額はあくまでも"右肩上がり"でなければならず、業務実態、景気動向、客先業務動向、業務計画とはあまり連動していないのではないかと思えます。一般的にはこの考え方が「ビジネスの常識」であって、前年度売上を下回る目標売上などは存在しないようです。

　このように、経済状況の実態を認めない「美しく、頑張る数字の羅列」が計画の基本になっているため、それが計画そのものの信頼性を失わせる大きな原因となっていると考えるのは間違いで

しょうか。

　しかし、「数字に基づく経営」のためには、売上目標も数字に基づかなければなりません。

　そこで当社では、毎年11月下旬から12月上旬の間に、営業担当者が次年度の売上目標額を検討し、役員に提出します。営業担当者は、彼らが持つ直近の顧客情報と同時に、直近の「顧客別売上報告書」と「月次売上グラフ」および直近の「売上報告書」を参考に、長期間の客先との関係をも考慮します。こうして出された計画案を、役員が検討し、最終的な売上目標額を決定するのです。

　通常、当社の年間顧客数は90〜120社ほどでした。月次での取引先は40〜50社です。また、12ヵ月継続して発注のある顧客は15社前後ですし、年間1、2回だけの取引の顧客は通常30〜40社以上ありました。この数字は28年間の経営実績から得られたものです。このような経営環境を考慮して、必要十分な売上目標と営業政策を毎年計画し達成しないと、会社は存在しえません。

　こうして作成されたのがFig-24の「年度目標売上高」です。具体的な目標額を設定されているのは40社の顧客で、その売上目標規模に応じて10社ずつ4つの群に分け、残りの顧客は第5群としています。この計画によれば、第1群が約85％の売上を期待され、第2〜第4群で約12.5％を、そして第5群が約2.5％となっています。

　つまり、年間顧客数は90〜120社あっても、実際には第1群の10社と第2〜4群の5〜10社で売上の97％を占め、残りの3％程度を70〜100社から受注するという形です。効果効率から考えれば「馬鹿みたい」な話ですが、これが零細中小企業にとっては

年度目標売上高

$15,000,000
¥1,650,000,000

最高売上実績高 $ 18,550,000
¥2,040,500,000

第1群

会社	業種	金額	合計
XYZ社	フィットネス訓練用機器製造	5,275,000	
JKL社	圧縮機製造設置	2,500,000	
FFP社	プラスチック成型加工品製造	2,250,000	
DWF社	自動制御機器製造	750,000	
STU社	コンピューター用架台製造	500,000	
AEJ社	自動車、二輪車用装飾品製造	400,000	
PQR社	歯科用椅子、付属品製造	350,000	
RMC社	圧縮機製造設置	350,000	
CCPS社	梱包材料製造	200,000	
LPI社	救急救命ヘリコプター製造	200,000	$12,775,000
			¥1,405,250,000

第2群

会社	業種	金額	合計
SHT社	耐久工具製造	175,000	
BDF社	電柱架線部品製造	100,000	
CED社	天井材製造	100,000	
IPG社	冷蔵、冷凍機器製造	100,000	
STJ社	事務所向け家具	100,000	
GCE社	業務用厨房設備製造据え付け	90,000	
MRW社	公共機関向け設備製造	85,000	
QVA社	光学機器製造	65,000	
RWB社	貨物自動車製造	65,000	
DHM社	酪農機械製造	60,000	$940,000
			¥103,400,000

第3群

会社	業種	金額	合計
KPU社	水圧洗浄機製作	60,000	
PUZ社	各種ポンプ製作	60,000	
TYD社	音響機器製造	60,000	
CGL社	各種ポンプ製造	50,000	
HMR社	清浄室向け空調システム設計製作	50,000	
OTY社	自動車付属アクセサリー製造販売	50,000	
LQV社	拘束具他法執行用具設計製作	50,000	
PUZ社	電柱架線部品製造	50,000	
AEJ社	自動車向け装飾品製造	50,000	
TTT社	全地勢環境向け自動車(スノーモービル等)	50,000	$530,000
			¥58,300,000

第4群

会社	業種	金額	合計
GMS社	自動車向け各種ウインチ、装備品製造	50,000	
MQW社	コンクリートミキサー製造	50,000	
JOT社	窓、扉製造	40,000	
INS社	医療器具製造	40,000	
MYE社	音楽、映像用スタジオ設備製造	40,000	
PKF社	医療機具、寝合製作	40,000	
EMJ社	金属材料販売	35,000	
FIN社	自動制御機器製作	25,000	
MNO社	コンクリート製造装置製作	25,000	
CEG社	電気工事業	25,000	$370,000
			¥40,700,000

第5群

		金額	合計
その他、新顧客		385,000	$385,000
			¥42,350,000

Target Total :		$15,000,000
		¥1,650,000,000
Monthly Base:		$1,250,000
		¥137,500,000

Fig-24　年度目標売上高

生存のための大切な営業活動なのです。40社の顧客の製品は千
差万別で、類似製品を製造している会社は何社もありません。こ
の顧客の多様性が、生き残りの源泉なのです。

決定年次売上目標の各部門への配賦

　さて、ひとたび年次売上目標が設定されると、この目標数値を
当社の5つの部門別に配賦します（ファブリケーション、チュー
ブ、溶接、レーザー、粉体塗装）。
　方法は、過去の実績年次売上比率と、その平均売上比率、標準
偏差値を加味して、新年度営業計画見込みに基づく微調整を恣意
的に行うことによって配賦を決定します。この経過を記したのが
Fig-25「部門別売上高の配賦」です。

1．経年実績に基づく製造原価、営業一般管理費の算出

　さて、ここからは実際の計算方法の説明に入ります。
「年次業務計画書」の数値は、過去の全業務実積値を使って算出
します。
　まず、計画売上高に基づく大枠の製造原価、営業一般管理費、
総原価、税引き前利益を計算するのですが、過去の業務実績の
データを「年次決算報告書」あるいは各年次の月次決算書の12
月分から、年間の売上高、製造原価、営業一般管理費を抽出し、
相互の関係をパソコンのエクセルを使ってX軸に売上高を、Y軸

売上高実績表

		ファブ部門	チューブ部門	溶接部門	レーザー部門	粉体塗装部門	合計売上高($)
データ	1	3,166,882	4,604,356	2,294,081	2,681,105	928,013	13,674,437
データ	2	2,450,343	6,029,018	2,408,159	1,633,487	891,689	13,412,696
データ	3	2,548,706	7,045,539	2,836,013	1,579,880	2,138,015	16,148,153
データ	4	2,806,193	6,940,952	2,641,660	1,667,020	2,895,738	16,951,563
データ	5	1,777,650	5,576,258	1,996,684	1,047,517	1,867,940	12,266,049
データ	6	2,148,284	6,163,994	2,782,308	1,215,159	1,899,247	14,208,992
データ	7	3,203,516	8,163,619	3,363,161	1,522,955	2,297,088	18,550,339
データ	8	4,201,439	8,873,893	2,276,637	1,547,683	1,726,018	18,625,670
データ	9	4,198,065	8,549,424	2,181,343	1,271,460	1,357,933	17,558,225
データ	10	4,692,157	6,934,697	2,423,453	1,659,085	1,442,449	17,151,841
データ	11	4,134,815	5,249,464	2,478,941	1,383,886	1,093,676	14,340,782
データ	12	4,120,061	4,579,465	2,341,289	1,139,198	1,028,163	13,208,176
データ	13	5,464,744	5,346,442	3,069,689	1,216,328	1,381,293	16,478,496

部門別売上高実績百分率

		ファブ部門	チューブ部門	溶接部門	レーザー部門	自動粉体塗装部門	合計売上高
データ	1	23.2%	33.7%	16.8%	19.6%	6.8%	100.0%
データ	2	18.3%	45.0%	18.0%	12.2%	6.6%	100.0%
データ	3	15.8%	43.6%	17.6%	9.8%	13.2%	100.0%
データ	4	16.6%	40.9%	15.6%	9.8%	17.1%	100.0%
データ	5	14.5%	45.5%	16.3%	8.5%	15.2%	100.0%
データ	6	15.1%	43.4%	19.6%	8.6%	13.4%	100.0%
データ	7	17.3%	44.0%	18.1%	8.2%	12.4%	100.0%
データ	8	22.6%	47.6%	12.2%	8.3%	9.3%	100.0%
データ	9	23.9%	48.7%	12.4%	7.2%	7.7%	100.0%
データ	10	27.4%	40.4%	14.1%	9.7%	8.4%	100.0%
データ	11	28.8%	36.6%	17.3%	9.7%	7.6%	100.0%
データ	12	31.2%	34.7%	17.7%	8.6%	7.8%	100.0%
データ	13	33.2%	32.4%	18.6%	7.4%	8.4%	100.0%
平均値		22.1%	41.3%	16.5%	9.8%	10.3%	
標準偏差		6.4%	5.4%	2.3%	3.2%	3.5%	

データ	10	24.2%	48.3%	12.4%	7.4%	7.7%	100.0%
計算値		3,630,000	7,245,000	1,860,000	1,110,000	1,155,000	15,000,000
調整率		0.75%	0.25%	-0.45%	-0.25%	-0.25%	
再計算値		3,742,500	7,282,500	1,792,500	1,072,500	1,117,500	
設定計画値		3,750,000	7,280,000	1,790,000	1,070,000	1,110,000	15,000,000
百分率		25.0%	48.5%	11.9%	7.1%	7.4%	100.0%
実績値		4,692,157	6,934,697	2,423,453	1,659,085	1,442,449	17,151,841
実績値比率		27.4%	40.4%	14.1%	9.7%	8.4%	100.0%
データ	11	27.4%	40.4%	14.1%	9.7%	8.4%	100.0%
計算値		4,103,487	6,064,682	2,119,411	1,450,939	1,261,482	15,000,000
調整率		0.75%	-0.25%	-0.35%	0.00%	0.00%	
再計算値		4,215,987	6,027,182	2,066,911	1,450,939	1,261,482	15,022,500
設定計画値		4,170,000	6,080,000	2,000,000	1,460,000	1,290,000	15,000,000
百分率		27.8%	40.5%	13.3%	9.7%	8.6%	100.0%
実績値		4,134,815	5,249,464	2,478,941	1,383,886	1,093,676	14,340,782
実績値比率		28.8%	36.6%	17.3%	9.7%	7.6%	100.0%
データ	12	28.8%	36.6%	17.3%	9.7%	7.6%	100.0%
計算値		4,324,884	5,490,772	2,592,893	1,447,501	1,143,950	15,000,000
調整率		0.50%	-0.05%	-0.35%	0.50%	-0.25%	
再計算値		4,399,884	5,483,272	2,540,393	1,522,501	1,106,450	15,052,500
設定計画値		4,350,000	5,550,000	2,500,000	1,500,000	1,100,000	15,000,000
百分率		29.0%	37.0%	16.7%	10.0%	7.3%	100.0%
実績値		4,120,061	4,579,465	2,341,289	1,139,198	1,028,163	13,208,176
実績値比率		31.2%	34.7%	17.7%	8.6%	7.8%	100.0%
データ	13	31.2%	34.7%	17.7%	8.6%	7.8%	100.0%
計算値		4,678,989	5,200,716	2,658,909	1,293,742	1,167,644	15,000,000
調整率		0.50%	-0.05%	-0.35%	0.50%	-0.25%	
再計算値		4,753,989	5,193,216	2,606,409	1,368,742	1,130,144	15,052,500
設定計画値		4,750,000	5,200,000	2,500,000	1,400,000	1,150,000	15,000,000
百分率		31.7%	34.7%	16.7%	9.3%	7.7%	100.0%
実績値		5,464,744	5,346,442	3,069,689	1,216,328	1,381,293	16,478,496
実績値比率		33.2%	32.4%	18.6%	7.4%	8.4%	100.0%

新年度向け

データ	14	33.2%	32.4%	18.6%	7.4%	8.4%	100.0%
計算値		5,969,319	5,840,093	3,353,122	1,328,635	1,508,832	18,000,000
調整率		1.00%	-1.50%	0.75%	-0.25%	0.25%	
再計算値		6,149,319	5,570,093	3,488,122	1,283,635	1,553,832	18,045,000
設定計画値		6,150,000	5,570,000	3,450,000	1,280,000	1,550,000	18,000,000
百分率		34.2%	30.9%	19.2%	7.1%	8.6%	100.0%
実績値							
実績値比率							

Fig-25　部門別売上高の配賦（ドル）

に製造原価、営業／一般管理費等の費用項目をとり、散布図を作って近似線を求めます。それがFig-26の「新年度予算大枠算定法」による計算結果とそれらのグラフの図です。

これらの近似線の算式に、Fig-26にある「目標売上高」の数値1,800万ドル（19億8000万円）を挿入すると、製造原価、営業一般管理費がそれぞれ計算されます。これに、想定されるその他費用の額を決めれば、総原価、税引き前利益が求められ、インフレ率4％を含む調整率10％を考慮すれば利益が確定し、目標売上高に対するすべての大枠原価が明確となります。

以上から得られた新年度向け事業予算大枠予測結果は、製造原価がY=0.8172X-21,815、営業一般管理費原価がY=-5＊10^(-9)＊X^2＋0.2397X-414,231となりました。ここに新年度の目標売上高のX=$18,000,000をそれぞれの式に代入すると、製造原価がY=$14,687,785、営業一般管理費がY=$2,280,369となります。

さらに、その他経費を$50,000の収入と想定すると、

　総原価＝製造原価＋営業一般管理費＋その他経費

　　＝14,687,785+2,280,369+(-50,000)=$16,918,154

となります。

　税引き前利益＝目標売上値－総原価

　　＝18,000,000-16,918,154=$1,081,846。

当社では予算の変動許容幅として4.0％のインフレ率を含む10％の変動を想定しているので、調整後税引き前利益は$1,081,846＊0.9＊0.96=$973,661となります。

これで、総売上利益率は$973,661/$18,000,000＊100=5.4％となります。

(1)実績売上高 対 実績製造原価

データ	売上高...X	製造原価 ... Y
1	6.116E+06	5.106E+06
2	5.267E+06	4.299E+06
3	8.334E+06	6.272E+06
4	8.880E+06	6.949E+06
5	9.121E+06	7.236E+06
:	:	:
:	:	:
18	1.227E+07	1.068E+07
19	1.421E+07	1.183E+07
20	1.855E+07	1.479E+07
21	1.863E+07	1.471E+07
22	1.756E+07	1.433E+07
23	1.715E+07	1.389E+07
24	1.434E+07	1.176E+07
25	1.321E+07	1.108E+07
26	1.648E+07	1.352E+07

(2)実績売上高 対 実績営業一般管理費

データ	売上高...X	営業一般管理費 ... Y
1	6.116E+06	6.930E+05
2	5.267E+06	6.581E+05
3	8.334E+06	7.228E+05
4	8.880E+06	7.074E+05
5	9.121E+06	8.160E+05
:	:	:
:	:	:
18	1.227E+07	1.724E+06
19	1.421E+07	1.906E+06
20	1.855E+07	2.267E+06
21	1.863E+07	2.332E+06
22	1.756E+07	2.153E+06
23	1.715E+07	2.383E+06
24	1.434E+07	2.219E+06
25	1.321E+07	2.173E+06
26	1.648E+07	2.386E+06

左図凡例: ◆ 全データ 1~26 ／ — 線形 (全データ 1~26)
$y = 0.81724x - 21,815.03082$
$R^2 = 0.99387$

右図: $y = -5E\text{-}09x^2 + 0.2397x - 414231$
$R^2 = 0.923$
凡例: ◆ 3~5を除く全データ ／ — 多項式 (3~5を除く全データ)

新年度予測大枠予算

目標売上高	100.00%	18,000,000	
製造原価	81.60%	**14,687,785**	
営業一般管理費	12.67%	**2,280,369**	
その他経費	-0.28%	(50,000)	
原価合計	93.99%	16,918,154	
税引き前利益	6.01%	1,081,846	6.0%
調整率(10%,インフレ率4%含む)		973,661	5.4%

近似曲線;	X:売上高	Y:費用
製造原価;		Y=0.8172X-21815
営業一般管理費		Y=-5E(-9)X^2+0.2397X-414231

Fig-26 新年度予算大枠算定法

　これは、総売上、総原価、総営業一般管理費等の総売上対総費用の近似曲線に基づく方法で、予算の大枠を抑えるためのものです。近似曲線のR^2決定係数は0.9939と示され、データの相関関係が高いと見られるので、算出された大枠想定予算額も信頼性の高いものになると考えられます。この大枠予算を踏まえたうえで、同じ計算法で、製造原価と営業一般管理費の原価を構成する下記にある諸原価要素を計算します。

製造原価予算	製造原価予算
労務費	工場経費
間接／非直接労働時間	非直接製造労務費
材料費	間接労務費─製造管理者／技術管理、担当者
外注費	品質管理費
営業一般管理費予算	副資材費
営業費	雑費
一般管理費	水道光熱費
その他経費予算	
売上高部門配賦	

　しかしながら、各部門別の売上と原価を構成する諸費用を近似曲線分析、傾向分析等で計算し、製造原価と営業一般管理費とその他経費を積み上げて合算して、総原価を計算してから総売上利益率を算出する予算作成方法と、前述の大枠予算からの値とは、数値が一致しないのが普通です。それは、個々年々の原価集積で近似曲線分析、傾向分析を部門別に行っているため、たくさんの小さな差異が生じてくるためです。

　従って後者の場合は、個々の部門の原価を想定するために近似

曲線分析を行い、計算した総原価を全社の大枠と対比、調整します。このようにして、大枠数値と部門別積上げ数値とを比較調整して予算書を作成していきます。

これらの費用は会社全体としてだけでなく、それぞれの部門別にも計算されるので、1つの費用要素について会社分、ファブリケーション部門、チューブ部門、溶接部門、レーザー部門、粉体塗装部門の6つの計算が必要ですから、かなりの計算分量となります。

以上のようにして作成された予算書に基づいて実行された業務結果の売上高、原価、粗利を時系列でグラフ化したものがFig-27です。

グラフから分かるように、売上高グラフと原価グラフはほぼ相似形です。その相似形のグラフ間の間隔が粗利を意味するのですが、この間隔は増えこそすれ減少することはほとんど見られません。このことから、当社の事業は大変安定的に、信頼できるコスト管理で行われていることが推察され、年間予算計画書も適切に運用されていると理解されるとともに、これらのデータがすべて将来予算の基礎となるのです。

2. 労務費の計算 ——近似曲線分析／傾向分析

次は労務費を例としてその進め方を説明いたします。

労務費費用計画値の計算については、Fig-28にファブリケーション部門、チューブ部門、溶接部門のデータ、近似曲線分析グラフを、Fig-29にはレーザー部門、粉体塗装部門、会社全体の

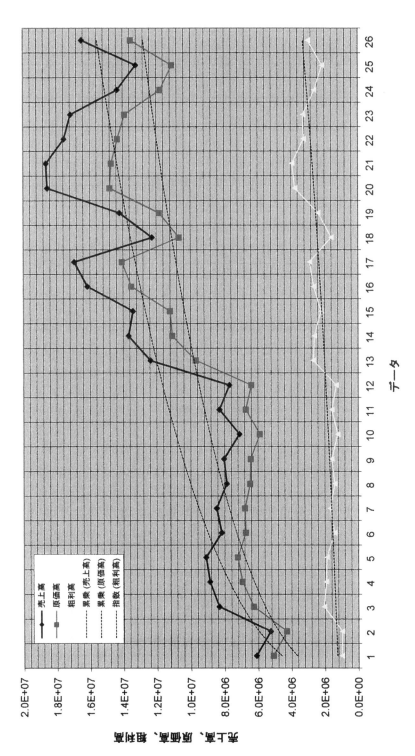

Fig-27 売上高／原価／粗利の経年変化

データ、近似曲線分析グラフと計算結果を示しました。

　月次決算は私が会社経営に携わるようになった当初（1991年）から行われていましたが、このようなデータが使用されるようになったのは、会計年度が1月から12月のため、翌年度（1992年度）からでしたから、一部のデータは採取されていないか不十分であり、結果として欠損扱いになっているものもあります。

　当初、月次決算の原価は3つの部門に分けられていました。ファブリケーション部門、レーザー部門、粉体塗装部門です。溶接作業費用、チューブ加工費用はファブリケーション部門に含まれていました。それは、会社の営業規模が小さく、かつ客先の材料支給による労務中心の受注が大多数だったので、部門費用の計上はそれらの3部門で十分だったからです。しかし仕事量が増え、原価管理や製造管理の必要性から、ファブリケーション部門を仕事の内容に応じて3つの部門に順次分割していった結果、ファブリケーション部門、チューブ部門、溶接部門の3部門に改編されました。これらの部門の分離は必ずしも会計年度の初めに行われたわけではないので、分離初年度のデータの信頼性は不確かですから、グラフ化する時には考慮が必要でした。

　Fig-28の（1）ファブリケーション部門のデータ（チューブ部門、溶接部門を含む）の近似曲線分析グラフは、データの処理によって3本の近似曲線が想定されましたが、決定係数R^2が大きく、相関関係の高い「データ17〜20を除く」で得られた近似曲線$Y=15.21X^{0.7113}$を採用しました。

　Fig-28の（1-A）ファブリケーション部門のファブリケーションのみの場合は、データのばらつきが少なく、決定係数も比較的強い相関関係を示していると考えられ、$Y=0.1278X-59363$とい

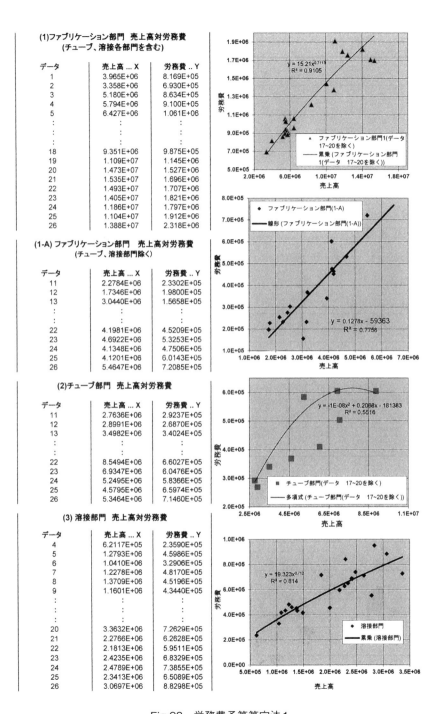

(1)ファブリケーション部門　売上高対労務費
(チューブ、溶接各部門を含む)

データ	売上高 ... X	労務費 .. Y
1	3.965E+06	8.169E+05
2	3.358E+06	6.930E+05
3	5.180E+06	8.634E+05
4	5.794E+06	9.100E+05
5	6.427E+06	1.061E+06
:	:	:
:	:	:
18	9.351E+06	9.875E+05
19	1.109E+07	1.145E+06
20	1.473E+07	1.527E+06
21	1.535E+07	1.696E+06
22	1.493E+07	1.707E+06
23	1.405E+07	1.821E+06
24	1.186E+07	1.797E+06
25	1.104E+07	1.912E+06
26	1.388E+07	2.318E+06

(1-A) ファブリケーション部門　売上高対労務費
(チューブ、溶接部門除く)

データ	売上高 ... X	労務費 .. Y
11	2.2784E+06	2.3302E+05
12	1.7346E+06	1.9800E+05
13	3.0440E+06	1.5658E+05
:	:	:
:	:	:
22	4.1981E+06	4.5209E+05
23	4.6922E+06	5.3253E+05
24	4.1348E+06	4.7506E+05
25	4.1201E+06	6.0143E+05
26	5.4647E+06	7.2085E+05

(2)チューブ部門　売上高対労務費

データ	売上高 ... X	労務費 .. Y
11	2.7636E+06	2.9237E+05
12	2.8991E+06	2.6870E+05
13	3.4982E+06	3.4024E+05
:	:	:
22	8.5494E+06	6.6027E+05
23	6.9347E+06	6.0476E+05
24	5.2495E+06	5.8366E+05
25	4.5795E+06	6.5974E+05
26	5.3464E+06	7.1460E+05

(3) 溶接部門　売上高対労務費

データ	売上高 ... X	労務費 .. Y
4	6.2117E+05	2.3590E+05
5	1.2793E+06	4.5986E+05
6	1.0410E+06	3.2906E+05
7	1.2278E+06	4.8170E+05
8	1.3709E+06	4.5196E+05
9	1.1601E+06	4.3440E+05
:	:	:
:	:	:
20	3.3632E+06	7.2629E+05
21	2.2766E+06	6.2628E+05
22	2.1813E+06	5.9511E+05
23	2.4235E+06	6.8329E+05
24	2.4789E+06	7.3855E+05
25	2.3413E+06	6.5089E+05
26	3.0697E+06	8.8298E+05

Fig-28　労務費予算算定法1

う近似曲線を得ました。

　さらに（2）チューブ部門の場合はデータのばらつきが大きく、2本の近似曲線が想定されましたが、決定係数が大きく、かなりの相関関係が認められる「データ17 ～ 20を除く」による近似曲線Y=-1E（-08）X^2+0.2068X-181383を採用しました。

　（3）溶接部門の近似曲線分析は、近似曲線の決定係数が大きく、強い相関関係が認められるので、近似曲線はY=19.323X^0.712となりました。

　Fig-29の（4）レーザー部門、（5）粉体塗装部門、（6）全会社の近似曲線も同様な手法で求められます。

　（4）レーザー部門の近似曲線はY=0.0601X+38078となりました。

　（5）粉体塗装部門の場合は特殊で、データのばらつきが大変大きく、近似曲線の選定が困難なケースです。当初、粉体塗装部門は、通常サイズ用自動粉体塗装部門と、構造物用大型手動粉体塗装部門の2部門があり、費用は別々に記帳されていましたが、構造物用大型手動粉体塗装部門は数年後に廃止され、自動粉体塗装部門（以後、粉体塗装部門と称す）だけになりましたが、その売上、費用は粉体塗装部門費用に合算されて費用計算に使用されました。この影響のためかは定かではありませんが、26個の全データを使って近似曲線を求めようとした場合、決定係数はR^2=0.112となり、ほとんど相関関係がないという結果になりました。そこで、データ1を除外して近似曲線を引いてみると、決定係数はR^2=0.4055となり、かなり相関関係があるという域に入ったので、これを選定することにしました。

　（6）会社全体労務費の近似曲線も、他の近似曲線の場合と同様にデータを選択して、決定係数R^2=0.9105という一番大きい回

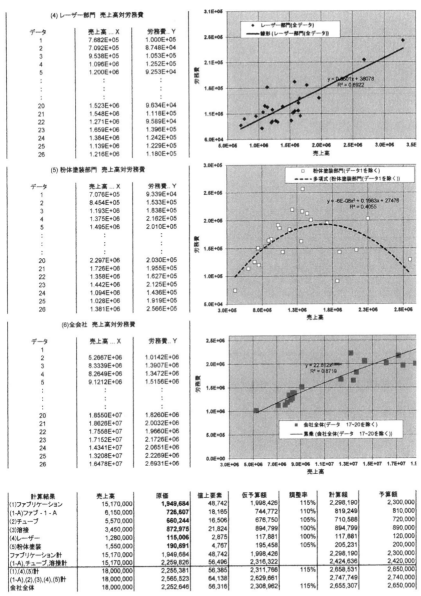

(4) レーザー部門 売上高対労務費

データ	売上高 .. X	労務費 .. Y
1	7.682E+05	1.000E+05
2	7.092E+05	8.748E+04
3	9.538E+05	1.053E+05
4	1.096E+06	1.252E+05
5	1.200E+06	9.253E+04
:	:	:
:	:	:
20	1.523E+06	9.634E+04
21	1.548E+06	1.118E+05
22	1.271E+06	9.589E+04
23	1.659E+06	1.396E+05
24	1.384E+06	1.242E+05
25	1.139E+06	1.229E+05
26	1.216E+06	1.180E+05

(5) 粉体塗装部門 売上高対労務費

データ	売上高 .. X	労務費 .. Y
1	7.076E+05	9.339E+04
2	8.454E+05	1.533E+05
3	1.193E+06	1.838E+05
4	1.375E+06	2.162E+05
5	1.495E+06	2.010E+05
:	:	:
:	:	:
20	2.297E+06	2.030E+05
21	1.726E+06	1.955E+05
22	1.358E+06	1.627E+05
23	1.442E+06	2.125E+05
24	1.094E+06	1.436E+05
25	1.028E+06	1.919E+05
26	1.381E+06	2.566E+05

(6)全会社 売上高対労務費

データ	売上高 .. X	労務費 .. Y
1		
2	5.2667E+06	1.0142E+06
3	8.3339E+06	1.3907E+06
4	8.2649E+06	1.3472E+06
5	9.1212E+06	1.5156E+06
:	:	:
:	:	:
20	1.8550E+07	1.8260E+06
21	1.8626E+07	2.0032E+06
22	1.7558E+07	1.9660E+06
23	1.7152E+07	2.1726E+06
24	1.4341E+07	2.0651E+06
25	1.3208E+07	2.2269E+06
26	1.6478E+07	2.6931E+06

計算結果	売上高	原価	値上要素	仮算額	調整率	計算額	予算額
(1)ファブリケーション	15,170,000	1,949,684	48,742	1,998,426	115%	2,298,190	2,300,000
(1-A)ファブ - 1 - A	6,150,000	726,607	18,165	744,772	110%	819,249	810,000
(2)チューブ	5,570,000	660,244	16,506	676,750	105%	710,588	720,000
(3)溶接	3,450,000	872,975	21,824	894,799	100%	894,799	890,000
(4)レーザー	1,280,000	115,006	2,875	117,881	100%	117,881	120,000
(5)粉体塗装	1,550,000	190,691	4,767	195,458	105%	205,231	200,000
ファブリケーション計	15,170,000	1,949,684	48,742	1,998,426		2,298,190	2,300,000
(1-A),チューブ,溶接計	15,170,000	2,259,826	56,496	2,316,322		2,424,636	2,420,000
(1),(4),(5)計	18,000,000	2,255,381	56,385	2,311,766	115%	2,658,531	2,650,000
(1-A),(2),(3),(4),(5)計	18,000,000	2,565,523	64,138	2,629,661		2,747,749	2,740,000
会社全体	18,000,000	2,252,646	56,316	2,308,962	115%	2,655,307	2,650,000

注 : 1 (1)のファブリケーションはチューブ、溶接部門を含む。(1-A)ファブはファブリケーションのみでチューブ、溶接部門を含まない。
2. 労務費は社員労務費と臨時工労務費とからなり、価格上昇は2.5%を想定。
3. 近似曲線は以下の通りです。(Fig-20,Fig-21,参照);

ファブリケーション部門	Y=15.21*X^0.7113
ファブ. 1-A	Y=0.1278X-59363
チューブ部門	Y=-1*10^(-8)*X^2+0.2068*X-181383
溶接部門	Y=19.323*X^(0.712)
レーザー部門	Y=0.0601*X+38078
粉体塗装部門	Y=-6*10^(-8)*X^(2)+0.1983*x+27476
会社全体	Y=22.812*X^0.6884

Fig-29　労務費予算算定法2

帰曲線Y=15.21X^0.7113を採用しました。

　このようにして決定された近似曲線はFig-29の注3に、それらの近似曲線を使った予算計算結果を示しました。

　個々の計算で見ると、チューブ部門の計算値が直近数年間の実績値に対して甚だしく乖離しているのが分かったので、110％増の調整を行いました。このような乖離が生じる原因として考えられる要素は明確ではありませんが、可能性はいくつかあります。

　1つは売上高の急増です。もう1つは、売上増に伴う高賃金者の雇用が増えることによる労務費の上昇です。2002年から2017年の間で売上高は最大約3.2倍、労務費は最大約2.5倍と増加しており、データのばらつきが大きくなり、また売上高の各部門への配賦が適切かどうかという問題も暗示されています。そのために、予算作成に当たっては特別な配慮も必要になるケースも出てくるのです。

　これらのことは注意深く観察することが必要で、すべて計算値が正しいと判断するというよりは、計算法そのものが必ずしも論理的に導かれているわけでもなく、なんとか過去の実績データから「1つの傾向」を見つけて、「先行きの結果を予測しよう」という考えで見つけた実績値変化の時系列傾向分析であり、学問的な統計手法に従っているわけでもありません。決定係数の一般的評価基準とエクセルの計算法を信じて行っている分析であることをお断りしておきます。しかしながら、なんとなく私どもの業務の実際にはよく当てはまっているような気がしています。

　これらの近似曲線予測式のXに、設定した会社売上目標額、および部門別売上目標額を挿入すると、想定労務費が算出できます。これに価格上昇要素2.5％を加味して仮予算数値を算出しま

す。そして、これらの数値を過去の実績値と比較検討して調整額
を決定します。ここで、各部門原価の総額と会社全体原価として
計算された大枠額とがほぼ一致するように調整額を調整し確認す
ることが必要となります。

こうして得た最終数字を、千の桁に丸めた数字が暫定予算額と
なります。

3. 労働時間と間接／非直接労働時間の計算

目標売上高を達成するのに必要な、直接労働時間と間接／非直
接労働時間を、実績データから近似線分析して、想定予算労働時
間を算出します。この情報は、製造各部門の人員配置計画や、一
般管理費の部門別配賦の基準として使用されます。

Fig-30、Fig-31に、部門別実績労働時間とそれらの近似曲線
分析グラフを示しました。

一般的に言えば、売上高と製造労働時間との間にどのような相
関関係があるかは懐疑的だと思います。単純に考えて、機械設備
が十分でなく手作業が多ければ、売上高に対して製造時間は多く
かかるし、自動化の進んだ機械設備がたくさんあれば製造時間は
短縮されるわけです。すなわちその関係は、当社であれば毎年
50万ドル（5500万円）の設備投資の効果を表すようなものです
から、当然データが大きくばらつくことが推測されます。

このことを明らかにした、月間製造高と労働時間の経年変化の
関係を表すグラフがFig-32です。このグラフは、月間製造高と
労働時間の関係を、任意の数年間単位で散布図を描き、それを基

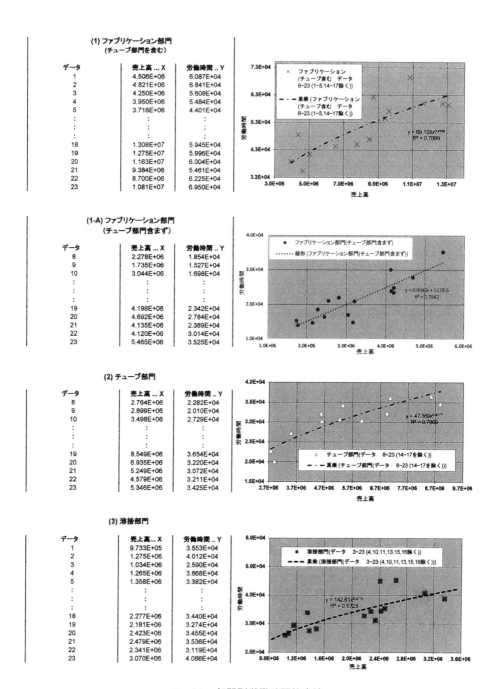

Fig-30　部門別労働時間算定法

(4) レーザー部門

データ	売上高 ... X	労働時間 .. Y
1	1.085E+06	1.250E+04
2	1.217E+06	8.985E+03
3	1.316E+06	7.972E+03
4	1.970E+06	1.138E+04
:	:	:
17	1.523E+06	7.831E+03
18	1.548E+06	6.638E+03
19	1.271E+06	6.344E+03
20	1.659E+06	8.543E+03
21	1.384E+06	6.179E+03
22	1.139E+06	6.784E+03
23	1.216E+06	7.047E+03

(5) 粉体塗装部門

データ	売上高 ... X	労働時間 .. Y
1	1.371E+06	2.478E+04
2	1.501E+06	2.408E+04
3	1.237E+06	2.287E+04
4	1.047E+06	1.936E+04
:	:	:
16	1.899E+06	9.163E+03
17	2.297E+06	1.252E+04
18	1.726E+06	1.387E+04
19	1.358E+06	1.141E+04
20	1.442E+06	1.474E+04
21	1.094E+06	9.962E+03
22	1.028E+06	1.119E+04
23	1.381E+06	1.381E+04

(6) 会社全体

データ	売上高 ... X	労働時間 .. Y
1	7.935E+06	1.337E+05
2	8.813E+06	1.416E+05
3	7.837E+06	1.128E+05
4	8.232E+06	1.243E+05
:	:	:
17	1.855E+07	1.049E+05
18	1.863E+07	1.144E+05
19	1.756E+07	1.104E+05
20	1.715E+07	1.179E+05
21	1.434E+07	1.061E+05
22	1.321E+07	1.114E+05
23	1.648E+07	1.312E+05

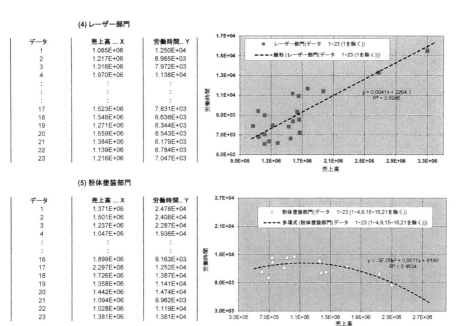

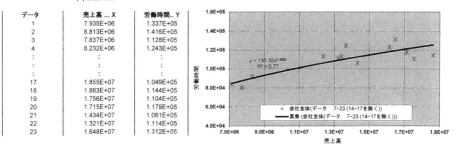

労働時間予測	売上高	計算時間	仮予算時間	調整率	予算時間
(1)ファブリケーション部門(チューブ部門含む)	11,720,000	60,209	60,209	110%	66,230
(1-A)ファブリケーション部門(ファブ.のみ)	6,150,000	35,314	35,314		35,314
(2)チューブ部門	5,570,000	28,364	28,364	110%	31,200
(3)溶接部門	3,450,000	41,770	41,770	95%	39,682
ファブリケーション、溶接 (1),(3)合計	15,170,000	101,980	101,980		105,912
(1-A)、チューブ、溶接 (1-A),(2),(3)合計	15,170,000	105,448	105,448		106,196
(4)レーザー部門	1,280,000	7,512	7,512	95%	7,136
(5)粉体塗装部門	1,550,000	12,978	12,978	95%	12,329
(1-A),(2),(3),(4),(5) 計	18,000,000	125,937	125,937		125,661
(1),(3),(4),(5) 計	18,000,000	122,470	122,470		125,377
会社全体 計	18,000,000	123,869	123,869	103.0%	127,586

注:1. 採用近似曲線;

ファブリケーション部門(チューブ部門を含む)	Y=69.135*X^(0.4159)
ファブリケーション部門(1-A)(ファブ.のみ)	Y=0.0049X+5178.5
チューブ部門	Y=47.369*X^(0.4177)
溶接部門	Y=142.61*X^0.3773
レーザー部門	Y=0.0041*X+2264.1
自動粉体塗装部門	Y=-3*10^(-9)*X^2+0.0071*x+9180
会社全体	Y=135.32*X^0.4082

2. これは臨時工の労働時間を含む総労働時間

Fig-31　部門別労働時間算定法

にして近似傾向線を求めたもので、それらのグラフの傾きを比較すれば、売上高に対する労働時間の変遷、すなわち設備投資の効果が一目で分かるものとなっています。

2010 〜 2011年度の決定係数R^2は0.2626と小さく、なんとか相関関係が見られるというレベルかと思われますが、他の4つのデータは強い相関関係を示す結果となっていて、近似曲線の信頼性も高いものと思われます。それらのグラフの傾きを比較すると、傾斜比率にあるように大きく低下しています。これが、設備投資による業務効率化によって製造高に対する労働時間が削減された割合を示していると考えられます。

もちろん、製造する製品は種々雑多で同一ではありませんから、設備投資によって労働時間が削減されたと100％断言することはできませんが、少なくとも数十％は設備投資の効果であるとは言えるでしょうし、これによって経年変化データのバラつきが出ることもお分かりいただけると思います。

この前提を考慮して、データの取捨選択を考えつつ、近似曲線分析をすることになります。

年度	データ数	決定係数	近似曲線式	傾斜比率
1996 〜 2001	72	R^2=0.6502	Y=0.0146X−210.02	100%
2002 〜 2005	48	R^2=0.8353	Y=0.0069X+3103.6	47.3%
2006 〜 2007	24	R^2=0.7334	Y=0.0053X+4088.6	36.3%
2008 〜 2009	24	R^2=0.706	Y=0.0044X+2523.3	30.1%
2010 〜 2011	17	R^2=0.2626	Y=0.002X+4739.5	13.7%

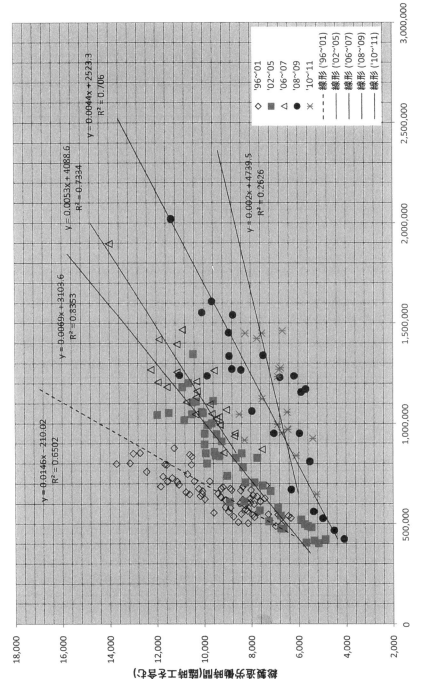

Fig-32 月間製造高と労働時間の経年変化（会社全体）

Fig-30（94頁）にある（1）ファブリケーション部門（チューブ部門を含む）の近似曲線グラフですが、ここでは4本の近似曲線を検討し、その決定係数を比較することで、相関性のより高い近似曲線を見つけます。23個の全データの場合、R^2=0.1743とほとんど相関関係がないという結果になったので、全データからの乖離が大きい4個のデータ14～17を除いてみたところ、R^2=0.2315と、いくらか相関関係が見られる結果となりました。

　そこで、データの変動が多い最初の5個のデータを除いたところ、R^2=0.4594となり、ある程度の相関関係が認められたので、先に除外した4個のデータをも除外したところ、決定係数はR^2=0.7089となり、かなりの相関関係があると認められ、この近似曲線Y=69.135*X^0.4159を使用することにしました。

　Fig-30の（1-A）ファブリケーション部門単独の場合は、グラフにあるようにY=0.0049*X+5178.5、R^2=0.7942となり、かなりの相関関係が認められました。

　（2）チューブ部門でも比較的大きなデータのばらつきが見られるので、（1）ファブリケーション部門の場合と同様な手法により近似曲線を選定しました。

　ここで興味深い事実を調べてみたいと思います。それは、合算したデータから求めた近似曲線による労働時間と、部門別ごとに求めた近似曲線による労働時間がどう違うかです。Fig-30、Fig-31（95頁）から、結果を以下のようにまとめました（ファブ＝ファブリケーション）。

	ファブ部門 （チューブ部門含む）	ファブ部門のみ	チューブ部門
売上高目標	11,720,000	6,150,000	5,570,000
近似曲線	Y=69.135*X^0.49	Y=0.0049*X+5175	Y=47.369*X^0.4177

労働時間	①60,209	④35,314	②28,364

①－②＝③31,845　　②＋④＝⑤63,678

③と④の比率：110.9%　　①と⑤の比率：105.8%

　上記の表の説明です。ファブ（チューブ部門含む）の近似曲線から求めた労働時間①60,209時間から、チューブ部門の近似曲線で求めた労働時間②28,364時間を引くと、ファブ部門のみの労働時間③31,845時間が求められます。この③と、ファブ部門のみの近似曲線から求めた労働時間④35,314時間とを比較すると10.9%の差があります。

　また、ファブ（チューブ部門含む）の合算近似曲線で求めた労働時間①60,209時間と、個々の部門別近似曲線から求めたファブ（チューブ部門含む）の合算労働時間は⑤63,678時間となり、その差は5.8%です。

　数字がこんなにばらついたら、「どの数字が正しいのか」分からないし、こんな数字は使えないと考えるのが普通でしょう。しかし私のつたない知識から見ると、「どの数字が正しいとは断定できない」けれども、「どの数字も正しい」から使える数字です。というのは、これらの数字はすべて実績数字の散布図に基づいて求められた信頼できる近似曲線から算出された結果ですから、間違いだとは言い難いからです。これらの数字は、実際の予算編成の手続きの中で調整用の数値として利用されるものと理解しています。

　Fig-30のデータ内の（3）溶接部門の近似曲線分析グラフ、Fig-31のデータ内の（4）レーザー部門、（5）粉体塗装部門、

（6）会社全体も、同様な手法で近似曲線を求め、そのグラフを示してあります。

　蛇足にはなりますが、大切な要素は、実績データのばらつきからどのデータを取捨選択して近似曲線を求めるかです。試行錯誤法により除去データを選定し、数種類の近似曲線を求め、その中から相関関係があってR^2決定係数の大きいものを選択することになります。

　このようにして得た計算値は、部門別に積み上げた数値と、大枠で計算した会社全体数値がほぼ一致しているので、努力目標を考慮した調整を行い、想定予算労働時間を決定します。

　間接／非直接労働時間についても全く同様な手法で労働時間を算定します。すなわち、Fig-42、43、44（117 ～ 119頁）の合計／非配賦製造労働時間データを用いて、合計製造労働時間をX軸に、非配賦製造労働時間をY軸に取る近似曲線分析を行い、近似曲線を求めます。そしてFig-30、Fig-31で求めた合計製造労働時間を用いて、この近似曲線式から非配賦製造労働時間を求めます。それを表にまとめたのがFig-44内にある「計算結果」です。

4. 材料費の計算

　材料費には、主原材料購入費と外注費とがありますが、近似曲線を求める時は外注費を除外した材料費を使います。

　材料費は業務の拡大に応じた変化が大きく、Fig-33「売上高と材料費の関係」に示すように、データ12を境に材料費は約3倍に、

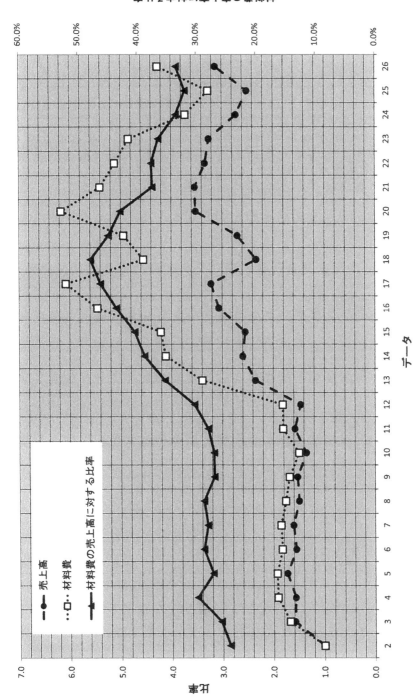

材料費の売上高に対する比率

比率

データ

Fig-33 売上高と材料費の関係

凡例:
—●— 売上高
⋯□⋯ 材料費
—▲— 材料費の売上高に対する比率

売上高は2倍ほどに急増し、データ18の時点で材料費は売上高の48％を占めました。これは大型の鉄鋼加工品の仕事が増えたためです。

　一般的に、材料費、労務費、営業一般管理費は1／3ずつと言われているようですが、業種・業態・仕事内容によって異なります。下請鉄鋼加工業では、伝統的に「材料支給による手間賃仕事」が一般的で、客先は材料の取扱いマージンを3〜5％程度しか認めませんので、受注価格が上昇せず、必然的に材料費率が高くなるのです。業況に異常がなければ問題にすることもないかもしれませんが、ちょっとおかしいと思います。

　主要材料購入費の近似式分析とグラフ、計算結果をFig-34、Fig-35に示しました。

　各部門別に計算して集計した予算想定額と、会社全体として計算した予算想定額とは、10％ほど部門別計算集計値の方が多いという結果になり、ここでは各部門別にその増減を検討し、その検討数値を採用することにしました。

　先にも述べたように、部門別に計算し集計したものは、その売上配賦の正当性に不確かさがあるので（客先の発注金額は複合単価となっており、プロセスごとの注文／受注価格は分かりません。原価管理の必要上、注文／受注金額を、該当部門に社員数、実績労働時間比率で部門別に配賦しているので、必ずしも理論的・数学的に正確な方法と言えないかもしれません）、会社全体枠として計算したものの方が信頼性は高いと思われますが、安全性も考慮して、部門別計算値と会社全体枠計算値との差額や平均値を考慮することにしているのです。

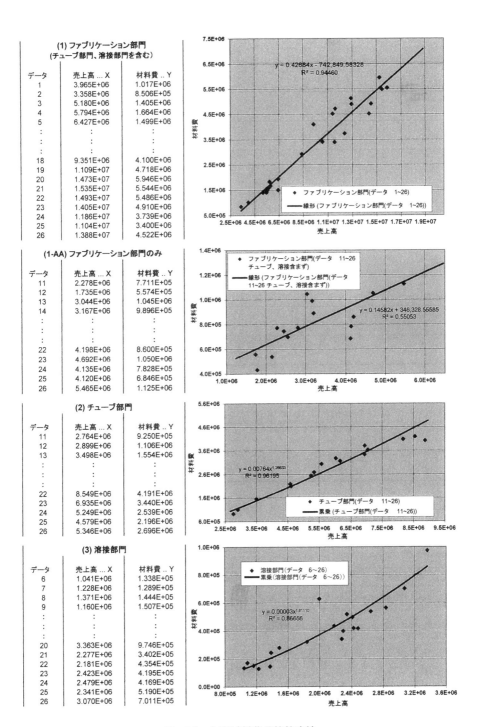

Fig-34　主要材料費予算算定法

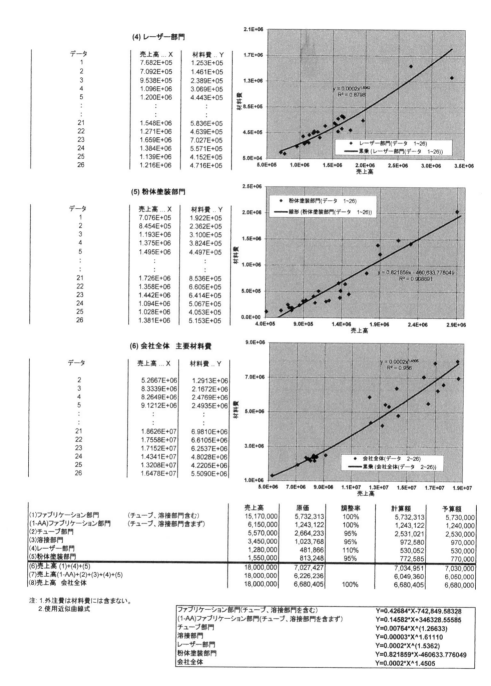

(4) レーザー部門

データ	売上高 … X	材料費 … Y
1	7.682E+05	1.253E+05
2	7.092E+05	1.461E+05
3	9.538E+05	2.389E+05
4	1.096E+06	3.069E+05
5	1.200E+06	4.443E+05
:	:	:
21	1.548E+06	5.836E+05
22	1.271E+06	4.639E+05
23	1.659E+06	7.027E+05
24	1.384E+06	5.571E+05
25	1.139E+06	4.152E+05
26	1.216E+06	4.716E+05

$y = 0.0002x^{1.5362}$
$R^2 = 0.8798$

レーザー部門(データ 1~26)
累乗 (レーザー部門(データ 1~26))

(5) 粉体塗装部門

データ	売上高 … X	材料費 … Y
1	7.076E+05	1.922E+05
2	8.454E+05	2.362E+05
3	1.193E+06	3.100E+05
4	1.375E+06	3.824E+05
5	1.495E+06	4.497E+05
:	:	:
21	1.726E+06	8.536E+05
22	1.358E+06	6.605E+05
23	1.442E+06	6.414E+05
24	1.094E+06	5.067E+05
25	1.028E+06	4.053E+05
26	1.381E+06	5.153E+05

粉体塗装部門(データ 1~26)
線形 (粉体塗装部門(データ 1~26))

$y = 0.821859x - 460,633.776049$
$R^2 = 0.908891$

(6) 会社全体 主要材料費

データ	売上高 … X	材料費 … Y
2	5.2667E+06	1.2913E+06
3	8.3339E+06	2.1672E+06
4	8.2649E+06	2.4769E+06
5	9.1212E+06	2.4935E+06
:	:	:
21	1.8626E+07	6.9810E+06
22	1.7558E+07	6.6105E+06
23	1.7152E+07	6.2537E+06
24	1.4341E+07	4.8028E+06
25	1.3208E+07	4.2205E+06
26	1.6478E+07	5.5090E+06

$y = 0.0002x^{1.4505}$
$R^2 = 0.956$

会社全体(データ 2~26)
累乗 (会社全体(データ 2~26))

		売上高	原価	調整率	計算額	予算額
(1)ファブリケーション部門	(チューブ、溶接部門含む)	15,170,000	5,732,313	100%	5,732,313	5,730,000
(1-AA)ファブリケーション部門	(チューブ、溶接部門含まず)	6,150,000	1,243,122	100%	1,243,122	1,240,000
(2)チューブ部門		5,570,000	2,664,233	95%	2,531,021	2,530,000
(3)溶接部門		3,450,000	1,023,768	95%	972,580	970,000
(4)レーザー部門		1,280,000	1,023,768	95%	972,580	970,000
(5)粉体塗装部門		1,550,000	813,248	95%	772,585	770,000
(6)売上高 (1)+(4)+(5)		18,000,000	7,027,427		7,034,951	7,030,000
(7)売上高(1-AA)+(2)+(3)+(4)+(5)		18,000,000	6,226,236		6,049,360	6,050,000
(8)売上高 会社全体		18,000,000	6,680,405	100%	6,680,405	6,680,000

注:1.外注費は材料費には含まない。
　　2.使用近似曲線式

ファブリケーション部門(チューブ、溶接部門を含む)	Y=0.42684*X-742,849.58328
(1-AA)ファブリケーション部門(チューブ、溶接部門を含まず)	Y=0.14582*X+346328.55585
チューブ部門	Y=0.00764*X^(1.26633)
溶接部門	Y=0.00003*X^1.61110
レーザー部門	Y=0.0002*X^(1.5362)
粉体塗装部門	Y=0.821859*X-460633.776049
会社全体	Y=0.0002*X^1.4505

Fig-35　主要材料費予算算定計算結果

　Fig-34の「主要材料費予算算定法」に示した（1）ファブリ
ケーション部門の想定予算額については、データ11〜26間の
（1-AA）ファブリケーション部門のみの単独データで求めた近
似曲線を用いて計算したところ、実態に近かったのでこの数字を
採用しました。

　エクセルを使って決定係数や相関係数に妥当性がある近似曲線
を用いても、その結果が実態に合わないものもあるので、エクセ
ルの結果を盲信するのではなく、近似曲線に目標数値を入れて、
結果が実態に合うかどうかを確認する必要があると思います。

　当社の場合、会社組織が十分でなかった頃に集積されたデータ、
ファブリケーション部門の合算データにはバラつきが多かったの
ですが、その頃は材料の発注が現場の担当者任せの場合が多かっ
たのも一因と思われます。溶接部門、チューブ部門等が分離され
てからは、作業指示書を作成する技術部門が、材料発注を購買部
に行うという方式に改め、副資材を除いては現場担当者が発注す
ることをほとんどなくしました。

　外注費の想定予算額を算出するにあたり、注意すべき点が多々
あります。

　まず、外注をしなければいけない必要性にはいろいろな理由が
あります。1つは、自社でできない仕事がある場合です。当社の
場合でいえば、

　（1）機械加工全般
　（2）保有機械の能力を超える加工
　（3）製造能力を超える受注過多
　（4）納期の厳守が困難な製造状態

(5) 営業的配慮

(6) その他、会社で対応できないもの

　このような条件下で外注が行われ、費用が発生します。

　従って、受注内容、受注高が外注量に影響を与えることが多いので、部門ごとの外注費のばらつきも大きくなります。経験から言えば、外注はファブリケーション部門、チューブ部門がほとんどで、溶接部門、レーザー部門、粉体塗装部門ではほぼ外注はなく費用の発生もありません。ファブリケーション部門、チューブ部門では機械加工を含む場合が多いので、外注量が多くなる傾向があるのです。他の部門では、納期の厳守が難しい場合に外注量が増えることがありますが、製造状況を絶えず適正に管理することで、外注量を管理することもできます。

　外注費はFig-36、Fig-37に、近似曲線分析、グラフと計算結果を示しました。ここでは（2）ファブリケーション部門にはチューブ部門と溶接部門が含まれています。溶接部門、レーザー部門、粉体塗装部門では、外注の頻度は年間数件ないし数年に一度という頻度なので、売上高と外注費用の相関は認められないと想像できますが、確認の意味でそれらの近似線分析も行った結果、予想どおりでした。

　Fig-36、Fig-37のデータによれば、（2）ファブリケーション部門では外注費は売上高の約5〜15%、チューブ部門では約3〜15%、溶接部門では0〜2%、レーザー部門では0〜8%、粉体塗装部門では1%未満程度の外注費比率となっています。従って、外注費の想定予算額を決めるには、近似曲線分析のみならず想定客先からの受注高予測も大切な因子になります。

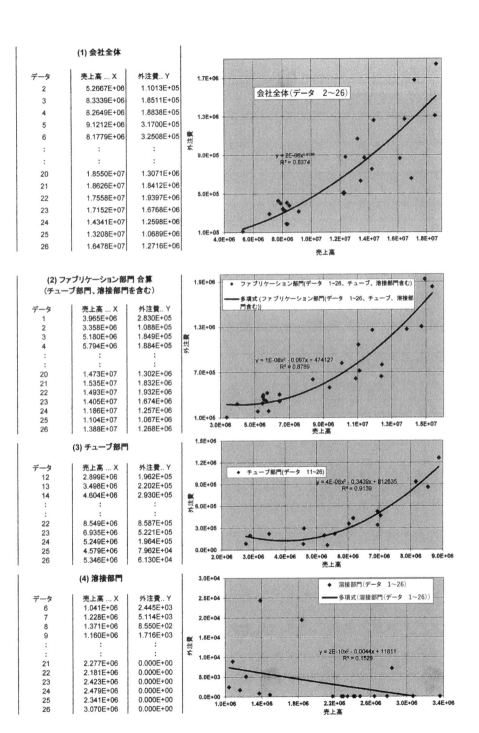

Fig-36　外注費予算算定法

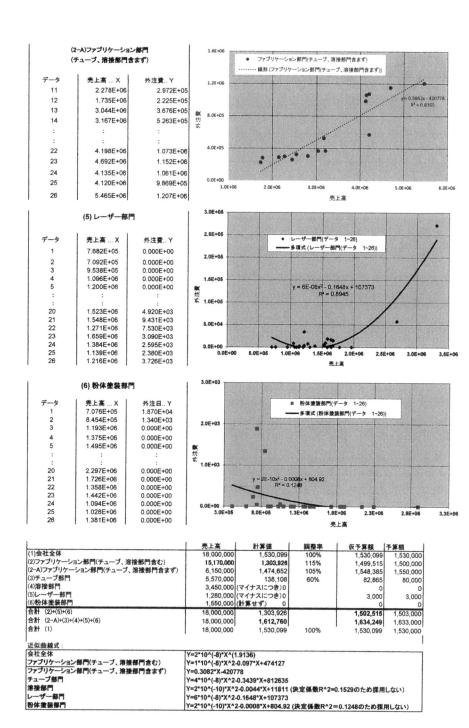

Fig-37　外注費予算計算結果

　実際の分析計算結果から、溶接部門、レーザー部門、粉体塗装部門の計算結果は意味を持たないことがグラフからも分かりますが、実際としては数千ドルの調整額を計上しておくことにしています。

5.　工場経費の計算

　原価要素の中には、その費用の性質が変動費的なものと固定費的なものがありますが、必ずしもそれらの要素が100％というわけではありません。

　ここで行う売上基準のX-Y分析は、変動費の性格が強い原価要素については有効ですが、固定費の性格が強い原価要素には必ずしも上手く対応しません（近似曲線分析のR^2決定係数が小さくなり、近似曲線予測式の精度が悪くなります）。

　これらの固定費要素が強い原価要素としては、工場経費のうち、間接労務費／品質管理費、品質管理費、副資材費、雑費の4つの経費要素と営業一般管理費の合計5つの原価要素が考えられます。

　これらの原価要素の近似曲線分析には、X軸に売上高の代わりに、時間軸として年数を用いたグラフによる傾向分析から近似曲線予測式を求める方法も採用しました。この2つの予測式から2つの原価を算出し、その平均値を求め暫定予算を求めました。

　この計算法の例として、営業費の場合を考えてみましょう。Fig-38に、営業費用のデータと、選定した近似曲線予測式と、傾向曲線予測式による算出費用計算結果とグラフを示しました。ここでは目標売上に対する近似曲線原価と傾向曲線原価を計算し、

(1) 会社全体

年次	売上高…X	営業費…Y
1	8.1779E+06	3.4631E+05
2	8.4735E+06	5.0282E+05
3	7.8768E+06	5.0743E+05
4	8.0311E+06	5.2941E+05
5	7.1112E+06	5.7325E+05
:	:	:
:	:	:
:	:	:
14	1.4209E+07	9.0641E+05
15	1.8550E+07	1.0113E+06
16	1.8626E+07	1.0607E+06
17	1.7558E+07	1.0543E+06
18	1.7152E+07	1.1442E+06
19	1.4341E+07	1.0878E+06
20	1.3208E+07	1.0897E+06
21	1.6478E+07	1.1354E+06

近似曲線式 会社全体
傾向分析式(21年目)

パラメーター	X	18000000		近似曲線式	$Y=1.39 \cdot X^{(0.8125)}$
		21		近似曲線式	$T=395390 \cdot X^{(0.3391)}$

会社全体	計画売上高	部門別営業費					予算額
		近似曲線式	傾向式	平均値	2%調整値		
会社全体	18,000,000	1,091,249	1,110,172	1,100,710	1,122,724		1,123,000
部門別							
ファブリケーション部門	6,150,000	372,843	379,309	376,076	383,598		384,000
チューブ部門	5,570,000	337,681	343,537	340,609	347,421		347,000
溶接部門	3,450,000	209,156	212,783	210,969	215,189		215,000
レーザー部門	1,280,000	77,600	78,946	78,273	79,838		80,000
粉体塗装部門	1,550,000	93,969	95,598	94,783	96,679		97,000
合計　会社全体	18,000,000	1,091,249	1,110,172	1,100,710	1,122,724		1,123,000
比率		6.1%	6.2%	6.1%	6.2%		6.2%

注 1. 部門費用は部門別売上高に応じて比例配分する。

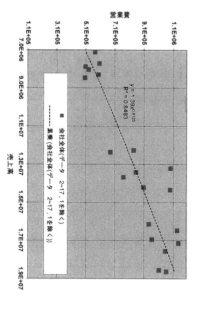

$y = 1.39x^{0.8125}$
$R^2 = 0.8483$

■ 会社全体(データ 2-17,1を除く)
- - - 累乗(会社全体(データ 2-17,1を除く))

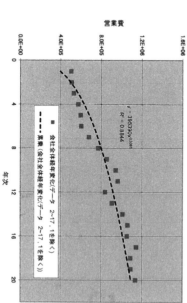

$y = 395390x^{0.3391}$
$R^2 = 0.8844$

■ 会社全体経年変化(データ 2-17,1を除く)
- - - 累乗(会社全体経年変化(データ 2-17,1を除く))

Fig-38 営業費予算算定法　データと結果

その平均値を仮予算として、千の桁に丸めて暫定予算としました。

工場経費には、変動費要素の強いものと固定費要素の強いものとの2つの経費要素があり、R^2決定係数が小さくなり相関関係が下がるので、その補正手段として経年変化による傾向分析を行います。そして、近似曲線による費用と、傾向分析による費用との平均値を求めて想定予算額とします。

工場経費に含まれる経費要素と費用挙動は、次のように推測しました。

〈分析費用項目　──近似曲線分析法〉

非配賦製造労務費：変動費

間接労務費（製造管理者、技術担当者費用）：変動費・固定費

品質管理費（品質管理者費用、検査器具費用）：変動費・固定費

副資材費（製造副資材、消耗品費用）：変動費・固定費

雑費（安全管理費、製造教育費、データ処理費用）

　：変動費・固定費

占有費用（施設／建物費用、賃貸費用、減価償却、保険）

　：前年度規準で調整

設備機械費用（減価償却　機械賃貸費、税金）：前年度規準で調整

水道光熱費：変動費

非配賦製造労務費

非配賦製造労務費は間接製造労務費とも称し、個々の仕事に直接配賦されない費用で、有給休暇費用、有給休日費用、研究開発費、清掃費、材料整理費用、在庫調査費、苦情処理費、福利厚生費等々からなります。これらが工場経費として計上される理由は、

人件費の考え方の違いです。アメリカでは管理者、スーパーバイザー／課長以上は一般的に月給制ですが、その他の社員はみな時間給です。製造社員は基本的に労働時間を個別の仕事ごとに記録するので、個別の仕事に配賦できない費用を非配賦製造労務費として工場経費に計上します。この費用は基本的には固定費とも変動費とも言えますが、売上高X対非配賦製造労務費Yとの関係から近似曲線分析をします。

　Fig-39、Fig-40に近似曲線分析用データと近似曲線分析グラフを、そしてその計算結果をFig41に示しました。

　分析データのバラつきが大きいFig-40にある（4）レーザー部門の非配賦製造労務費の分析結果は、決定係数R^2が0.2程度と小さく、相関関係が認められにくい結果となりました。（5）粉体塗装部門でも同様ですが、こちらはいくらか良く、R^2が0.39となりましたが、信頼性は何とも言えない微妙な結果でした。そこで、これらを補正する意味で、年次変化による傾向分析を行いました。傾向分析の近似曲線を求めるためにデータの取捨選択を行って求めることが適切かどうかは分かりませんが、多くのバラついたデータからバラツキを少なくして傾向を見つけるというやり方は有りだと私は考えます。

　こうして求めた分析結果をFig-41に示しました。最近のコンピューター技術を見れば、このようにバラツキの大きいデータに信頼度の高い近似曲線を引くためのプログラムは既に日常的に使用されていると思いますが、私の場合は上述のようなアナログ手法に頼らざるを得なかったということです。

(1) ファブリケーション部門
(チューブ部門、溶接部門を含む)

データ	売上高 ... X	非配賦製造労務費 ...Y
1	3.965E+06	2.446E+05
2	3.358E+06	2.411E+05
3	5.180E+06	2.833E+05
4	5.794E+06	3.599E+05
5	6.427E+06	4.464E+05
:	:	:
19	1.109E+07	2.840E+05
20	1.473E+07	3.640E+05
21	1.535E+07	4.591E+05
22	1.493E+07	4.650E+05
23	1.405E+07	4.374E+05
24	1.186E+07	4.444E+05
25	1.104E+07	4.239E+05
26	1.388E+07	5.382E+05

(1-A)ファブリケーション部門
(チューブ、溶接部門を含まず)

データ	売上高 ... X	非配賦製造労務費 ...Y
11	2.278E+06	8.198E+04
12	1.735E+06	6.943E+04
13	3.044E+06	5.290E+04
:	:	:
22	4.198E+06	1.151E+05
23	4.692E+06	1.285E+05
24	4.135E+06	1.248E+05
25	4.120E+06	1.614E+05
26	5.465E+06	2.008E+05

(2) チューブ部門

データ	売上高 ... X	非配賦製造労務費 ...Y
11	2.764E+06	7.599E+04
12	2.899E+06	6.657E+04
13	3.498E+06	9.415E+04
:	:	:
22	8.549E+06	1.717E+05
23	6.935E+06	1.480E+05
24	5.249E+06	1.644E+05
25	4.579E+06	1.366E+05
26	5.346E+06	1.732E+05

(3) 溶接部門

データ	売上高 ... X	非配賦製造労務費 ...Y
4	9.9404E+05	1.2747E+05
5	1.2793E+06	1.5081E+05
6	1.0410E+06	9.7715E+04
7	1.2278E+06	1.4795E+05
:	:	:
21	2.2766E+06	1.8005E+05
22	2.1813E+06	1.7823E+05
23	2.4235E+06	1.6090E+05
24	2.4789E+06	1.5520E+05
25	2.3413E+06	1.2584E+05
26	3.0697E+06	1.6425E+05

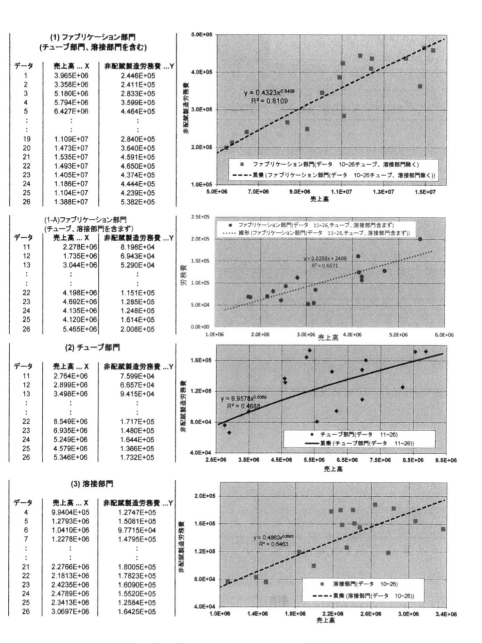

Fig-39　非配賦製造労務費分析データ

(4) レーザー部門

データ	売上高 … X	非配賦製造労務費 … Y
1	7.582E+05	3.998E+04
2	7.092E+05	3.777E+04
3	9.538E+05	5.069E+04
4	1.096E+06	5.553E+04
:	:	:
21	1.548E+06	5.948E+04
22	1.271E+06	5.704E+04
23	1.659E+06	7.201E+04
24	1.384E+06	5.412E+04
25	1.139E+06	4.770E+04
26	1.216E+06	3.841E+04

(5) 粉体塗装部門

データ	売上高 … X	非配賦製造労務費 … Y
1	1.383E+06	1.214E+05
2	1.199E+06	9.016E+04
3	2.200E+06	1.322E+05
4	1.375E+06	9.750E+04
:	:	:
21	1.726E+06	7.065E+04
22	1.358E+06	6.821E+04
23	1.442E+06	8.164E+04
24	1.094E+06	7.075E+04
25	1.028E+06	6.337E+04
26	1.381E+06	9.372E+04

(6) 会社全体

データ	売上高 … X	非配賦製造労務費 … Y
1	5.2667E+06	3.6899E+05
2	8.3339E+06	4.3263E+05
3	8.2649E+06	5.1297E+05
4		
:	:	:
21	1.8626E+07	5.8926E+05
22	1.7558E+07	5.9027E+05
23	1.7152E+07	5.9101E+05
24	1.4341E+07	5.6926E+05
25	1.3208E+07	5.3492E+05
26	1.6478E+07	6.7031E+05

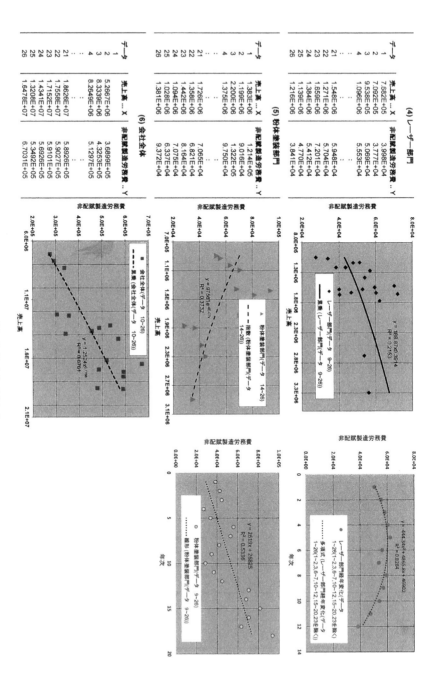

Fig-40 非配賦製造労務費分析データ

計算結果

	売上高	売上高規準	経年変化規準	平均値	調整率	仮予算額	予算額
(1)ファブリケーション部門(チューブ,溶接部門含む)	15,170,000	471,583			120%	565,899	566,000
(1-A)ファブリケーション部門(チューブ,溶接部門含まず)	6,150,000	185,738			120%	222,886	223,000
(2)チューブ部門	5,570,000	123,466			130%	160,506	160,000
(3)溶接部門	3,450,000	198,753			90%	178,878	178,000
(4)レーザー部門	1,280,000	46,401	35,064	40,732	95%	38,696	39,000
(5)粉体塗装部門	1,550,000	52,343	76,586	64,464	95%	61,241	60,000
(6)合計 (1)+(4)+(5)	18,000,000	570,326				665,836	665,000
(6)合計 (1-A)+(2)+(3)+(4)+(5)	18,000,000	606,701				662,207	660,000
(6)合計 会社全体	18,000,000	560,665			115%	644,765	644,000

	売上高規準近似曲線	経年変化規準近似曲線
(1)ファブリケーション部門(チューブ,溶接部門含む)	$Y=0.4323 \cdot X^{(0.8408)}$	
(1-A)ファブリケーション部門(チューブ,溶接部門含まず)	$Y=0.0298 \cdot X+2468$	
(2)チューブ部門	$Y=9.9578 \cdot X^{(0.6068)}$	
(3)溶接部門	$Y=0.4863 \cdot X^{(0.8583)}$	
(4)レーザー部門	$Y=188.87 \cdot X^{0.3914}$	$X=13, \ T=-444.34X^2+4865.8 \cdot X+46902$
(5)粉体塗装部門	$Y=97561 \cdot (2.73)^{(-4 \cdot 10^{(-7)} \cdot X)}$	$X=19, \ T=2619X+26825$
(6)会社全体	$Y=1.254 \cdot X^{(0.7788)}$	

Fig-41　非配賦製造労務費計算結果

間接労務費

　間接労務費は、製造に携わる管理職、製造作業指示書の作成者である技術担当者、見積者らの人件費（給与、有給休暇費用、有給休日費用、残業費用、福利厚生費等）ですから、固定費と考えるのが妥当でしょうが、時間給従業員費用、残業費用等の変動費要素も含まれているので、変動費と固定費の両方の観点から分析することにしています。

　Fig-42 〜 Fig-45に、分析データ、近似曲線グラフと傾向分析グラフ、そして計算結果を示しました。

　ここでは（4）レーザー部門と（5）粉体塗装部門において、近似曲線分析値と傾向分析値との間に大きな乖離が見られました。その原因は、簡単に「データのバラつき」と言われるのが一般的ですが、本当に乱雑にデータがばらついているのでしょうか？

　Fig-45にある「レーザー部門間接労務費予算算定法-1」のグラフを見ると、バラつきはデータ1 〜 11、データ12 〜 19、そしてデータ20 〜 26と、時期によってはっきりと3つに分かれています。一見無造作にバラついているように見えますが、よく観察すると上述のようなことが分かり、近似曲線を引いても決定係数R^2値は0.1983で妥当な相関関係は見つけられません。

　さらにFig-45の「売上高基準算定法-2」にあるように、それぞれのグループごとに近似曲線を引いてみてもR^2値はそれぞれ0.1997、0.2103、0.4362となり、相関関係の可能性が見られるデータ20 〜 26を除いて相関関係は見られません。3つのグループのデータにはそれぞれはっきりとした「データのバラつき」が見られるので、それらを除去して近似曲線を引いたものを「売上

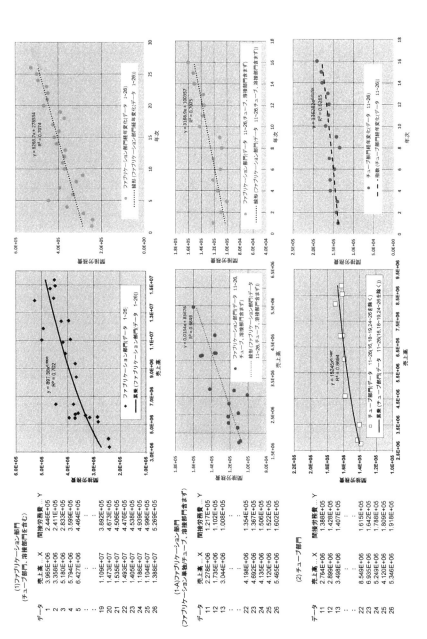

Fig-42 間接労務費予算定法

(3) 溶接部門

データ	売上高 X	間接労務費 ....Y
4	9.9404E+05	1.2747E+05
5	1.2793E+06	1.5081E+05
6	1.0410E+06	9.7715E+04
7	1.2278E+06	1.4795E+05
...		
22	2.1813E+06	1.5062E+05
23	2.4235E+06	1.5287E+05
24	2.4789E+06	1.6450E+05
25	2.3413E+06	1.6647E+05
26	3.0697E+06	1.7487E+05

(4) レーザー部門

データ	売上高 X	間接労務費 ....Y
1	7.6826E+05	3.9986E+04
2	7.092E+05	3.7776E+04
3	9.538E+05	5.069E+04
4	1.096E+06	5.553E+04
...		
22	1.271E+06	1.105E+05
23	1.859E+06	1.114E+05
24	1.384E+06	1.245E+05
25	1.139E+06	1.244E+05
26	1.216E+06	1.299E+05

(5) 粉体塗装部門

データ	売上高 X	間接労務費 ....Y
1	1.383E+06	1.214E+05
2	1.199E+06	9.016E+04
3	2.200E+06	1.322E+05
4	1.375E+06	9.750E+04
...		
22	1.358E+06	3.066E+04
23	1.442E+06	3.053E+04
24	1.094E+06	3.443E+04
25	1.028E+06	2.900E+04
26	1.381E+06	3.190E+04

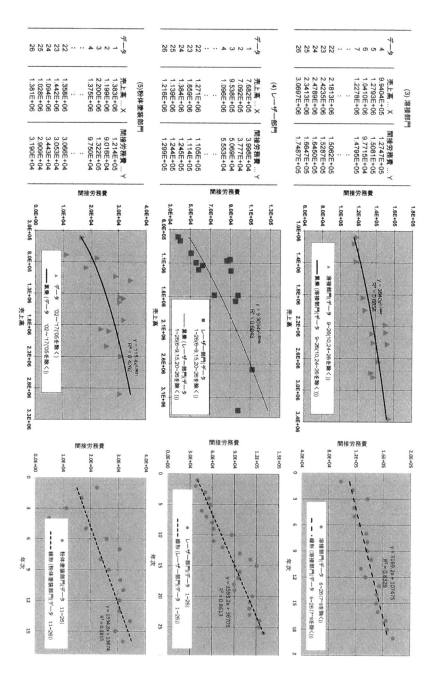

Fig.43　間接労務費予算算定法

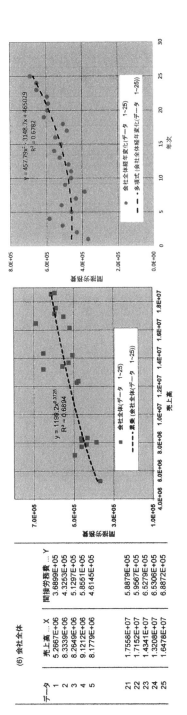

(6) 会社全体

データ	売上高…X	間接労務費…Y
1	5.2667E+06	3.6899E+05
2	8.3339E+06	4.3253E+05
3	8.2649E+06	5.1297E+05
4	9.1212E+06	5.8551E+05
5	8.1779E+06	4.6145E+05
21	1.7558E+07	5.8879E+05
22	1.7152E+07	5.9567E+05
23	1.4341E+07	6.5279E+05
24	1.3208E+07	6.5306E+05
25	1.6478E+07	6.8872E+05

$y = 1199.2x^{0.3725}$　$R^2 = 0.6694$
■ 会社全体(データ 1～25)
- - - 累乗(会社全体(データ 1～25))

$Y = 457.79x^2 - 3148.7x + 465029$　$R^2 = 0.6782$
● 会社全体経年変化(データ 1～25)
- - - 多項式(会社全体経年変化(データ 1～25))

計算結果

	売上高	売上高基準	経年数	経年変化	平均値	価格上昇	合計	調整率	仮予算額	予算額
(1)ファブリケーション部門(合算/チューブ,溶接部門含む)	15,170,000	482,953	X=27	501,654	492,304	17,231	509,534	100%	509,534	510,000
(1-A)ファブリケーション部門(単独/チューブ,溶接部門含まず)	6,150,000	166,086	X=17	154,228	160,157	5,606	165,763	100%	165,763	166,000
(2)チューブ部門	5,570,000	155,949	X=17	182,798	169,374	5,928	175,302	100%	175,302	175,000
(3)溶接部門	3,450,000	153,034	X=20	170,859	161,947	5,668	167,615	105%	175,996	176,000
(4)レーザー部門	1,280,000	70,208	X=27	133,721	101,965	3,569	105,534	90%	94,980	95,000
(5)粉体塗装部門	1,550,000	27,147	X=17	36,366	31,756	1,111	32,868	120%	39,441	39,000
(6)合計　(1)+(4)+(5)	18,000,000	580,309		671,741	626,025	21,911	647,936		643,956	644,000
(7)合計　(1-A)+(2)+(3)+(4)+(5)	18,000,000	572,425		677,973	625,199	21,882	647,081		651,482	651,000
(8)合計　会社全体	18,000,000	604,617	X=26	692,629	648,623	22,702	671,325	100%	671,325	671,000

近似曲線式

	売上高基準近似曲線	経年基準近似曲線
(1)ファブリケーション部門(合算/チューブ,溶接部門含む)	$Y=897.38 \times X^{(0.3803)}$	$T=8263.7X+278534$
(1-A)ファブリケーション部門(単独/チューブ,溶接部門含まず)	$Y=0.013X \times X+83676$	$T=3168.9X+100357$
(2)チューブ部門	$Y=1524.5 \times X^{(0.1497)}$	$T=136282e^{0.0172X}$
(3)溶接部門	$Y=3840 \times X^{(0.2448)}$	$T=3169.2X+107475$
(4)レーザー部門	$Y=9.3094 \times X^{0.6349}$	$T=3593.2X+36705$
(5)粉体塗装部門	$Y=115.4 \times X^{0.3831}$	$T=13334.8X+13674$
(6)会社全体	$Y=1199.2 \times X^{(0.3725)}$	$T=457.79X^2-3148.7X+465029$

Fig-44　間接労務費予算算定法

高基準算定法-2'」として示し、結果をまとめると下表のように
なりました。

売上高基準算定法-1, 2

データ	近似曲線	R^2値	特異データ数
1〜26	Y=59.778X^0.509	0.1983	0
1〜11	Y=643.66X^0.3172	0.1997	1
12〜19	Y=-1E(-8)X^2+0.0495X+44411	0.2103	2
20〜26	Y=-0.0272X+155958	0.4362	1

売上高基準算定法-1, 2'

データ	近似曲線	R^2値	目標売高	費用
1〜26	Y=59.778X^0.509	0.1983	1,280,000	76,756
1〜11	Y=293.5X^0.3697	0.4893	1,280,000	53,143
12〜19	Y=-9E(-9)X^2+0.0473X+47370	0.7779	1,280,000	93,168
20〜26	Y=-0.0346X+168285	0.80	1,280,000	123,997

　上述のまとめの表とFig-45から明確になったことは、間接労
務費の挙動はほぼ売上高に連動して変化はしない、すなわち固定
費として挙動し、一定期間後に費用が大きく上昇しているという
ことです。このことはレーザー部門間接労務費年次変化-1'のグ
ラフで明示されています。

　売上高基準算定法-2によれば、第1期間はデータ1〜11で、
発生費用は1つの特異点を除いてすべて65,000ドル以下。第2期
間はデータ12〜19で、2つの特異点を除けば費用は88,000〜
112,000ドル。第3期間はデータ20〜26で、1つの特異点を除け
ば112,000〜130,000ドルとなっていました。何が原因で発生費
用がこのように変化したのかはよく分かりませんが、原因を推定
してみると、

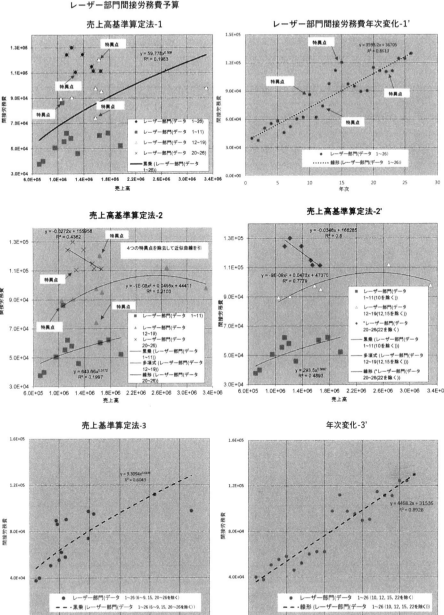

Fig-45　間接労務費予算算定法

（1）業務拡大に伴う間接労務費に分類される組織の拡大により配賦額が増えた
（2）人件費の上昇
（3）配賦比率が不適切である

の3つしか考えられません。しかし、結論は出ませんでしたが、年次変化-1'のグラフを見ると、売上高基準では特異点であったデータも年次変化基準では正常な変化内にあり、年次変化傾向分析グラフのR²値は0.8613と高い相関性を示していました。このことからも費用は固定費と考えられます。

経年変化に基づく傾向分析は直近の費用を算出し、売上高基準の近似曲線分析は目標売上高に対してデータ期間における平均費用を算出するので、2つの数値の平均値を予算額として使用することは、理論的にはともかく、実際的には受け入れられる費用算出法であると思っています。

品質管理費、副資材費、雑費、水道光熱費、占有費用、設備機械費用 ────

品質管理費は、これにかかわる人件費、福利厚生費、検査用機材費を含みます。

副資材費は、主要材料である金属板、管材以外の製造に必要なボルト、ナット、ねじ類、機械油等製造に必要とされる種々の補助材料を指します。

雑費には、安全関連費用、従業員教育費、コンピューター関係費用、そして一般管理費に伴う減価償却費等が含まれます。

水道光熱費は、電気、ガス、水道、下水、排水処理費を含みます。

これらの項目も、上述の非配賦製造労務費や間接労務費の場合

122

と同じ手法を用いて予算額を算出します。

　占有費用と設備機械費用は、既に上述したようにほぼ固定費であり、法令や契約変更がない限り変化がないので、近似曲線分析、傾向分析はなじまないと理解し、前年度実績を基準にして直近3年程度の費用を参考にして調整します。

6.　営業費、一般管理費の計算

　営業一般管理費計画は、営業費用と一般管理費用という2つの費用要素からなります。

　両者とも費用に含まれる人件費比率が大略60〜75％程度と高いので、費用の挙動は固定費的であり、変動費的な要素は小さい、すなわち目標売上高の増減による影響は比較的小さいと言えます。

　本章内の「1. 経年実績に基づく製造原価、営業一般管理費の算出」の項でも触れましたが、ここで再度、営業費用の暫定予算枠の作り方の説明を補足しておきます。

　Fig-38（110頁）で計算された費用には、X-Y近似曲線 $Y=1.39X^{(0.8125)}$ と、傾向分析で得られた傾向曲線 $T=395,390X^{(0.3391)}$ から、その平均値予算額＝$(Y+T)/2$として求めた値を予算枠としました。それぞれの分析曲線で得られた数値は $Y=1,091,249$、$T=1,110,172$ とその差が小さかったので、平均値も信頼できる数値になったと考えられます。

　これら2つの予測方法は、過去20年ほどにわたる実績値の平均値を求める方法ですが、3番目の方法として、Fig-46「営業費予算算定」に示すように、直近の1年間の結果から翌年度の売上目

	年間実績	小計	百分比%	費用分類	売上計画増加率/額 9.2233%	人件費上昇率 3.00%	予算 計画値	予算 調整率 97%	予算 結果
人件費　営業担当者、運転手給与/有給休暇/賞与	595,201			固定費					
営業担当者、運転手給与税	65,119			固定費					
営業担当者、運転手福利厚生費	92,670			固定費					
		752,990	66.3%			22,590	775,580	752,313	752,000
運搬費　自社トラック費用/運用費	138,148			変動費	12,742		150,000	145,500	146,000
運搬費　外注トラック費用	46,822			変動費	4,319		51,000	49,470	49,000
梱包資材費	60,287			変動費	5,560		65,000	63,050	63,000
トラック/トレーラー減価償却費	4,289			固定費			4,000	3,880	4,000
		249,546	22.0%			22,621	270,000	261,900	262,000
旅費/宿泊費	46,610			変動費	4,299		50,000	48,500	48,000
交際費	32,936			変動費	3,038		35,000	33,950	33,000
		79,546	7.0%			7,337	85,000	82,450	81,000
寄付	680	680	0.1%	変動費	63		6,000	5,820	5,000
会員権、会費等非免税費用	27,201	27,201	2.4%	固定費			25,000	24,250	24,000
広告/販売促進	25,437	25,437	2.2%	変動費	2,346		25,000	24,250	24,000
合計		1,135,400	100.0%		32,366		1,186,580	1,150,983	1,148,000

Fig-46　営業費予算算定（ドル）

項目	年間実績	百分比%	費用分類	費用変化率/額 合計 売上 9.2233%	費用変化率/額 合計 人件費 3.00%	小計	計画	予算 調整率 97%	結果
人件費　役員/事務職員	621,256		固定費		18,638				
賞与/有給休暇費用			固定費		0				
給与税	43,529		固定費		1,306				
従業員福利厚生費	12,665		固定費		380				
従業員 401K 出資	5,697		固定費		171				
非常勤従業員外注費用	88,014		変動費	8,118					
	771,161	61.5%		8,118	20,494	799,773	750,000	727,500	728,000
求人費用	3,314	0.3%	変動費	306		3,620	2,000	1,940	2,000
法律/会計/コンサルタント費用									
法律/会計事務所	77,519		固定費						
コンサルタント	20,853		固定費						
	98,372	7.8%				98,372	90,000	87,300	87,000
銀行手数料	17,761		固定費				20,000	19,400	
教育費	557		固定費				3,000	2,910	
建物賃貸/清掃費/修繕/維持管理費	108,077		固定費				105,000	101,850	
保険	38,295		固定費				40,000	38,800	
電話/光熱費	29,570		変動費	2,727			26,000	25,220	
	194,260	15.5%		2,727		196,987	194,000	188,180	188,000
機材賃貸費	32,008		固定費				16,000	15,520	
事務用品費	20,923		固定費				20,000	19,400	
コンピューター維持管理費	65,901		変動費	6,078			60,000	58,200	
金費/講読費	2,828		固定費				3,000	2,910	
税金/許認可費用/減価償却費	65,984		固定費				59,000	57,230	
	187,644	15.0%		6,078		193,722	158,000	153,260	153,000
合計	1,254,751	100.0%		17,229	20,494	1,292,474	1,194,000	1,158,180	1,158,000

Fig-47　一般管理費予算算定（ドル）

標値との増減の比率1.092233を求め、この比率を、変動費に分類される直近1年間の費用項目に掛け合わせたものと、固定費を合わせた暫定数字と直近1年間の数値の平均値に3%の物価上昇率を加味したものが、Fig-46内の「計画値」です。この数値と、Fig-38の近似曲線、傾向分析からの数値とを比較検討し、最終的な予算枠を決めました。

　この「計画値」に、想定原価削減目標率3%を加味して算出した数値を千の桁で丸めたものが、Fig-46に「予算」として表示されているものです。

　一般管理費の場合も、上述の3番目の方法と基本的には同様です。一般管理費ではFig-47に示すように、ほとんど90%以上の費用項目が固定費と考えられ、変動費として考えられるのは、求人費用、水道光熱費、修繕費、コンピューター費用等の約10%程度です。

　そこで、前年度実績からの売上高目標値の増減比率1.092233を前年度実績値に掛け、想定数値を求めます。次に、前年度実績値と予算想定値との平均値を求め、その平均値に想定物価上昇率3%を掛けた数値を千の桁で丸めて予算数値とします。

　ここで予算数値候補として算出された数値はいくつもあるので、それらを列記してみますと、Fig-26（84頁）、Fig-38（110頁）にあるように、

①全体枠から大枠予算数値として算出した営業一般管理費
　$2,280,369。近似曲線、傾向曲線から算出した営業費用予算
　$1,123,000。

②一般管理費予算は $2,280,369-$1,123,000=$1,157,369 となります。

③一方、前年度実績は営業費用 $1,135,400、一般管理費 $1,254,751 で、営業一般管理費合計は $2,390,151 となります。

計画売上高は前年度実績の9.2365％増の $18,000,000 ですから、①②の計算額では③の売上高がそれよりも少ない前年度実績値に5％ほど足りません。原価削減努力でこの5％を吸収しろと言うのは簡単ですが、固定費比率が70〜90％になる費用内訳では、それは「絵に描いた餅」になります。そこで、これらの数値にはこだわらず、3番目の方法、すなわち前年度実績基準で売上高の増減率を考慮する方法を採用したところ、予算額はFig-47にあるように一般管理費予算 $1,158,000 となり、Fig-46に示す営業費予算 $1,148,000 と合計すると、営業一般管理費予算は $2,306,000 となって、売上高が9.2％増加しても、営業一般管理費は前年度実績値並みに留め置くことができました。

以上に述べてきたような方法で、要求されているすべての原価要素の近似曲線予測式、傾向分析予測式を求め、計画されている会社全体目標売上、および部門別売上目標に基づき、個々の原価要素暫定予算を決定します。

第 **4** 章

予算書の作成

前章内の「1．経年実績に基づく製造原価、営業一般管理費の算出」〜「6．営業費、一般管理費の計算」で求めた原価要素暫定予算を使って予算を作成していきます。

　ここでの作業は、大枠で決めている数値と個々に積み上げた数値との調整が主な仕事になるので、過去の数値、経験、目標との関係等を考慮して調整を進めることが求められます。予算書の予算項目は以下のとおりです。

〈予算書の項目〉

　　所得計画書

　　工場経費計画書

　　営業一般管理費計画書

　　その他経費計画書

　　損益計算書計画書

　　人員配置／費用計画書

　　時間当たり工場運用費用

　　工場労務時間と配置人員

　　損益分岐点売上高計画書

　　部門別時間当たり工場管理費計画書

　　設備投資計画書

　これまで述べてきた手順で計算された数値を予算として計上したのが、当該年度向けの業務計画書です。

　予算書の作成に当たっては、作成順序を考慮することが必要です。これは、予算書作成に必要な費用の算出は、それらに必要な情報の作成順番によるということです。そこで、予算書費用作成

手順の流れに従って、順に手続きを説明します。

1. 工場経費計画書

　私の場合、まず「工場経費計画書」を作成します。縦軸に8つの費用項目と合計欄を、横軸に5つの製造部門と合計欄を設け、前章の「1. 経年実績に基づく製造原価、営業一般管理費の算出」の項で計算した部門別工場経費予算予測額と、別途前年度実績に基づき推算した占有費用と機械設備費を記入し、縦軸、横軸の合計欄費用が一致するように、主に前年度実績を勘案しつつ計画予算額をにらんで個々の数値を調整します。こうして作成された予算書がFig-48「工場経費予算」です。

　なお、占有費用は建物賃貸費用、建物減価償却費、抵当借入金金利、保険、不動産資産税等で構成されているので、前年度実績を基準にするのは妥当性があります。また、設備機械費用は減価償却費、修繕維持費、動産税、機械賃貸費、機械設備金利等からなるので、固定費的な要素が強く、前年度実績を参考にするのが適切です。

　前章内の「5. 工場経費の計算」に記載されたように、詳細な費用分析計算の結果、想定予算額は売上目標が約9％強増加したにもかかわらず、工場経費の想定予算額は数パーセント削減できました。これは過去の実績平均値で予算を組むという考え方の結果だと思います。

	合計		ファブリケーション		チューブ		溶接		レーザー		粉体塗装	
非配賦製造労務費	687,000	16.5%	180,000	13.8%	184,000	15.7%	178,000	19.3%	43,000	10.1%	102,000	29.6%
	100.0%		26.2%		26.8%		25.9%		6.3%		14.8%	
間接労務費	717,000	17.2%	175,000	13.5%	196,000	16.7%	167,000	18.1%	137,000	32.2%	42,000	12.2%
	100.0%		24.4%		27.3%		23.3%		19.1%		5.9%	
品質管理費	208,000	5.0%	45,000	3.5%	60,000	5.1%	50,000	5.4%	33,000	7.8%	20,000	5.8%
	100.0%		21.6%		28.8%		24.0%		15.9%		9.6%	
副資材／小工具	572,000	13.7%	121,000	9.3%	108,000	9.2%	260,000	28.1%	35,000	8.2%	48,000	13.9%
	100.0%		21.2%		18.9%		45.5%		6.1%		8.4%	
雑費	188,000	4.5%	40,000	3.1%	60,000	5.1%	46,000	5.0%	25,000	5.9%	17,000	4.9%
	100.0%		21.3%		31.9%		24.5%		13.3%		9.0%	
占有費	382,000	9.2%	49,000	3.8%	225,000	19.2%	47,000	5.1%	29,000	6.8%	32,000	9.3%
	100.0%		12.8%		58.9%		12.3%		7.6%		8.4%	
機械器具費	1,133,000	27.2%	600,000	46.1%	300,000	25.6%	111,000	12.0%	81,000	19.1%	41,000	11.9%
	100.0%		53.0%		26.5%		9.8%		7.1%		3.6%	
光熱費	281,000	6.7%	91,000	7.0%	40,000	3.4%	65,000	7.0%	42,000	9.9%	43,000	12.5%
	100.0%		32.4%		14.2%		23.1%		14.9%		15.3%	
合計	4,168,000	100.0%	1,301,000	100.0%	1,173,000	100.0%	924,000	100.0%	425,000	100.0%	345,000	100.0%
	100.0%		31.2%		28.1%		22.2%		10.2%		8.3%	

Fig-48　（2）工場経費予算（ドル）

2. 営業一般管理費計画書

　前章内の「6. 営業費、一般管理費の計算」の計算結果である
Fig-46、Fig-47（124頁）の数値に基づいて予算書にまとめたも
のがFig-49です。

　3つの異なる計算方法による詳細な検討の結果、目標売上が約
9%強増加したにもかかわらず、営業一般管理費の予算額を前年
度並みに抑えることができました。

	営業費		一般管理費		合計	
人件費	752,000	65.6%	727,000	62.8%	1,479,000	64.2%
契約労務費					0	0.0%
運搬費	127,000	11.1%			127,000	5.5%
梱包費	63,000	5.5%			63,000	2.7%
自社車両費	18,000	1.6%			20,000	0.9%
外注車両費	49,000	4.3%			49,000	2.1%
求人費			2,000	0.2%	2,000	0.1%
法律 / 会計/コンサルタント費用			87,000	7.5%	87,000	3.8%
銀行手数料			19,000	1.6%	19,000	1.6%
教育費			3,000	0.3%	3,000	0.3%
建物賃貸 / 清掃費			97,000	8.4%	97,000	4.2%
保険			39,000	3.4%	39,000	1.7%
電話			18,000	1.6%	18,000	0.8%
光熱費			7,000	0.6%	7,000	0.3%
修繕/ 維持費			5,000	0.4%	5,000	0.2%
機器賃貸			15,000	1.3%	15,000	1.3%
事務用品費			19,000	1.6%	19,000	0.8%
コンピューター費用			58,000	5.0%	58,000	2.5%
会費 /講読料			3,000	0.3%	3,000	0.1%
減価償却費	3,000	0.3%	17,000	1.5%	20,000	0.9%
旅費/交通費	48,000	4.2%			48,000	2.1%
食費/ 交際費	33,000	2.9%			33,000	1.4%
会員費用/課税対象会費	24,000	2.1%			24,000	1.0%
広告費	24,000	2.1%			24,000	1.0%
寄付	5,000	0.4%			5,000	0.2%
税金/許認可費用			42,000	3.6%	42,000	1.8%
合計	1,146,000	100.0%	1,158,000	100.0%	2,304,000	100.0%

Fig-49 （3）営業費 / 一般管理費予算 （ドル）

3. その他経費計画書

「その他経費計画書」は、前年度実績と直近3～5年の実績数値を精査して恣意的に決められます。過去の実績数値に基づき恣意的に決められた計画額に対し、各費用項目の割り当て計画額を試行錯誤法によって決めて、計画額に合わせます。Fig-50に計算書を示します。

　各部門への割り当ては、売上計画高の比率に応じて配分し、端数を調整して決定したものです。

売掛金回収割引	(60,000)
XYZ社　出荷額基準割引	(20,000)
買掛金支払割引	**40,000**
利子所得	**7,000**
売掛金遅延割増金	**8,000**
運搬費収入	**10,000**
資産売却損益	**10,000**
スクラップ売却収入	**75,000**
労災保険報奨金配当	**15,000**
支払利子	(100,000)
支払利子(コントラ)	**100,000**
非配賦利子	(5,000)
減価償却/のれん代	(2,000)
役員保険	(20,000)
雑費	(8,000)
合計	**50,000**

（細字は費用、太字は収入）

Fig-50　（4）その他費用予算（ドル）

4．損益計算書計画書

　損益計算書計画書を作成するのに必要な費用要素としては、次
のものがあります。
　(1)　労務費
　(2)　材料費（外注費を含む）
　(3)　工場経費
　(4)　営業費
　(5)　一般管理費
　(6)　その他経費

　(1) ～ (6) の各費用項目はすでに前章「年次業務計画書」内の
「年次売上目標の決定」「決定年次売上目標の各部門への配賦」「1.
経年実績に基づく製造原価、営業一般管理費の算出」で説明され
ていて、会社全体と各部門別想定年間予算額が決められています。
　Fig-51 に「損益計算書」の結果を示しました。その書式は、
縦軸に費用項目を、横軸に合計欄と各部門欄とを設けたもので、
横軸には部門名と合計欄、およびそれぞれの占有率が記録される
ようになっています。縦軸の費用項目は以下のとおりで、記録さ
れる数字の出典 Fig 番号も記します。

①売上高：Fig-25（82頁）
②労務費：Fig-28（89頁）、Fig-29（91頁）
③材料費：Fig-34（103頁）、Fig-35（104頁）
　Ⓐ外注費：Fig-36（107頁）、Fig-37（108頁）

④工場経費：Fig-39 〜 Fig-45（113 〜 115頁、117 〜 119頁、
　　　　121頁）、前章内「5. 工場経費の計算」による計算
　　　　値と決定値
　Ⓑ製造原価合計：計算式＝①＋②＋③＋Ⓐ＋④
⑤粗利合計：計算式＝①－Ⓑ
⑥営業費：Fig-46（124頁）
⑦一般管理費：Fig-47（124頁）
　Ⓒ営業一般管理費合計：計算式＝⑥＋⑦
⑧営業利益：計算式＝⑤－Ⓒ
⑨その他費用：Fig-50（132頁）調整
⑩税引前利益：計算式＝⑧－⑨

　以上に表示された欄に、前章内の「年次売上目標の決定」「決
定年次売上目標の各部門への配賦」「1. 経年実績に基づく製造原
価、営業一般管理費の算出」で計算されたそれぞれの想定予算額
を挿入し、縦・横の合計欄の数字が一致するように試行錯誤法で
数字を調整していきます。この調整作業に当たっては、売上目標
に掲げた主力顧客の動向と発生費用の増減を考慮することが必要
です。
　間接費用の各部門への配賦は、目標売上高基準の場合と、担当
人員基準との2つがあります。営業費とその他費用は、各部門別
の売上高比率に応じて配賦されます。一般管理費は配置人員比率
に応じて配賦されるので、製造部門総人数と部門別人員数が必要
になります。

	合計		ファブリケーション部門		チューブ部門		溶接部門		レーザー部門		勉体塗装部門	
売上高	18,000,000	100.0%	6,150,000	100.0%	5,570,000	100.0%	3,450,000	100.0%	1,280,000	100.0%	1,550,000	100.0%
労務費	2,878,000	16.0%	851,000	13.8%	756,000	13.6%	935,000	27.1%	126,000	9.8%	210,000	13.5%
材料費	6,040,000	33.6%	1,240,000	20.2%	2,530,000	45.4%	970,000	28.1%	530,000	41.4%	770,000	49.7%
外注費	1,583,000	8.8%	1,500,000	24.4%	80,000	1.4%	0	0.0%	3,000	0.2%	0	0.0%
工場経費	4,168,000	23.2%	1,301,000	21.2%	1,173,000	21.1%	924,000	26.8%	425,000	33.2%	345,000	22.3%
製造原価合計	14,669,000	81.5%	4,892,000	79.5%	4,539,000	81.5%	2,829,000	82.0%	1,084,000	84.7%	1,325,000	85.5%
粗利	3,331,000	18.5%	1,258,000	20.5%	1,031,000	18.5%	621,000	18.0%	196,000	15.3%	225,000	14.5%
営業費	1,148,000	6.4%	392,000	6.4%	356,000	6.4%	220,000	6.4%	82,000	6.4%	98,000	6.3%
一般管理費	1,158,000	6.4%	356,000	5.8%	297,000	5.3%	327,000	9.5%	59,000	4.6%	119,000	7.7%
営業一般管理費合計	2,306,000	12.8%	748,000	12.2%	653,000	11.7%	547,000	15.9%	141,000	11.0%	217,000	14.0%
営業利益	1,025,000	5.7%	510,000	8.3%	378,000	6.8%	74,000	2.1%	55,000	4.3%	8,000	0.5%
その他費用	-50,000	-0.3%	-17,000	-0.3%	-15,000	-0.3%	-10,000	-0.3%	-4,000	-0.3%	-4,000	-0.3%
税引前利益	1,075,000	6.0%	527,000	8.6%	393,000	7.1%	84,000	2.4%	59,000	4.6%	12,000	0.8%

注: (1) 一般管理費の各部門への配賦は部門人員数による。
(2) 営業費の各部門への配賦は部門売上高による。
(3) その他費用の各部門への配賦は部門売上高による。
(4) 運搬費と梱包費は営業費に分類される。

Fig-51 (1) 損益計算書 （ドル）

5. 人員配置／費用計画書

　前章内の「3. 労働時間と間接／非直接労働時間の計算」の計算で求めた労働時間は、Fig30（94頁）、Fig-31（95頁）、Fig-52（137頁）、Fig-53（138頁）に示したとおりです。このデータを使って、製造人員と費用の予算書を作成します。実際に作成された予算書がFig-54（139頁）「製造計画人員と原価」です。予算書内の縦軸に記載された費用要素と計算法は次のようなものです。

①時間当たりの売上高：計算式＝②／③

②売上高目標：部門別売上高配賦Fig-25（82頁）参照

③所要直接労働時間：労働時間Fig-30（94頁）、Fig-31（95頁）、

　　　　　　　　　　Fig-53参照

④労働効率：前年度実績数値

⑤総所要労働時間：計算式＝③／④

⑥臨時工所要労働時間：間接／非直接労働時間Fig-39 ～ Fig-41

　　　　　　　　　　（113 ～ 115頁）参照

⑦会社合計労働時間：計算式＝⑤－⑥

⑧社員合計直接労働時間：計算式＝③－⑥

⑨必要労働人数：計算式＝⑤／ 2024

⑩社員労働人数：計算式＝⑧／ 2024

⑪実行人数：小数点切り上げ

⑫直接労務費予算：Fig-51の労務費参照

⑬非配賦製造労務費予算：Fig-41参照

⑭合計労務費予算：計算式＝⑫＋⑬

⑮労務費原価／ 1時間：計算式＝⑭／⑤

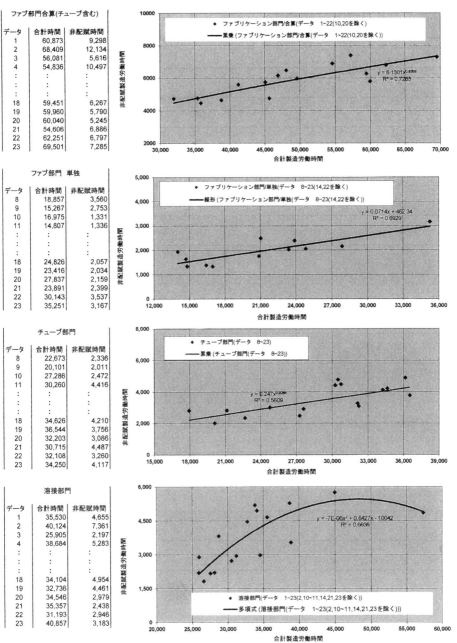

ファブ部門合算(チューブ含む)

データ	合計時間	非配賦時間
1	60,873	9,298
2	68,409	12,134
3	56,081	5,616
4	54,836	10,497
:	:	:
:	:	:
18	59,451	6,267
19	59,960	5,790
20	60,040	5,245
21	54,606	6,886
22	62,251	6,797
23	69,501	7,285

ファブ部門 単独

データ	合計時間	非配賦時間
8	18,857	3,560
9	15,267	2,753
10	16,975	1,331
11	14,807	1,336
:	:	:
:	:	:
18	24,826	2,057
19	23,416	2,034
20	27,837	2,159
21	23,891	2,399
22	30,143	3,537
23	35,251	3,167

チューブ部門

データ	合計時間	非配賦時間
8	22,673	2,336
9	20,101	2,011
10	27,286	2,472
11	30,260	4,416
:	:	:
:	:	:
18	34,626	4,210
19	36,544	3,756
20	32,203	3,086
21	30,715	4,487
22	32,108	3,260
23	34,250	4,117

溶接部門

データ	合計時間	非配賦時間
1	35,530	4,655
2	40,124	7,361
3	25,905	2,197
4	38,684	5,283
:	:	:
:	:	:
18	34,104	4,954
19	32,736	4,461
20	34,546	2,979
21	35,357	2,438
22	31,193	2,946
23	40,857	3,183

注: 1. ファブとはファブリケーション部門の短縮形です。
2. ファブ合算とはファブリケーション部門にチューブ部門を含んでいるという意味です。 単独とはファブリケーション部門だけを意味します。

Fig-52 合計 / 非配賦 製造労働時間

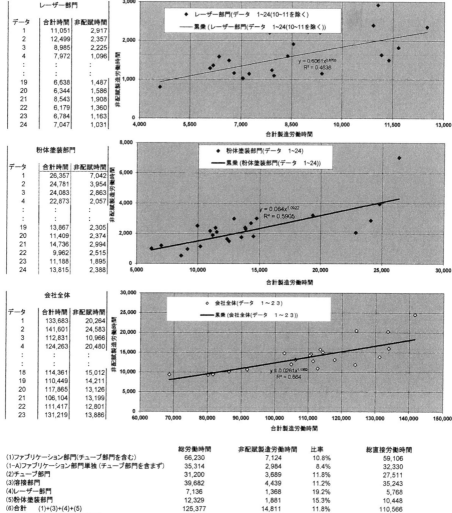

レーザー部門		
データ	合計時間	非配賦時間
1	11,051	2,917
2	12,499	2,357
3	8,985	2,225
4	7,972	1,096
:	:	:
19	6,638	1,487
20	6,344	1,586
21	8,543	1,908
22	6,179	1,360
23	6,784	1,163
24	7,047	1,031

粉体塗装部門		
データ	合計時間	非配賦時間
1	26,357	7,042
2	24,781	3,954
3	24,083	2,863
4	22,873	2,057
:	:	:
19	13,867	2,305
20	11,409	2,374
21	14,736	2,994
22	9,962	2,515
23	11,188	1,895
24	13,815	2,388

会社全体		
データ	合計時間	非配賦時間
1	133,683	20,264
2	141,601	24,583
3	112,831	10,966
4	124,263	20,480
:	:	:
18	114,361	15,012
19	110,449	14,211
20	117,865	13,126
21	106,104	13,199
22	111,417	12,801
23	131,219	13,886

	総労働時間	非配賦製造労働時間	比率	総直接労働時間
(1)ファブリケーション部門(チューブ部門を含む)	66,230	7,124	10.8%	59,106
(1-A)ファブリケーション部門単独 (チューブ部門を含まず)	35,314	2,984	8.4%	32,330
(2)チューブ部門	31,200	3,689	11.8%	27,511
(3)溶接部門	39,682	4,439	11.2%	35,243
(4)レーザー部門	7,136	1,368	19.2%	5,768
(5)粉体塗装部門	12,329	1,881	15.3%	10,448
(6)合計　　(1)+(3)+(4)+(5)	125,377	14,811	11.8%	110,566
(7)合計　　(1-A)+(2)+(3)+(4)+(5)	125,661	14,360	11.4%	111,301
(8)会社全体	127,586	16,321	12.8%	111,265
平均値	126,208	15,164	12.0%	111,044

ファブリケーション部門(チューブ部門を含む)	Y=6.1301*X^(0.6358)
ファブリケーション部門単独 (チューブ部門を含まず)	Y=0.0714*X+462.34
チューブ部門	Y=0.247*X^(0.9288)
溶接部門	Y=-7*10^(-6)*X^2+0.6427*X-10042
レーザー部門	Y=0.606*X^(0.8703)
粉体塗装部門	Y=0.064*X^(1.0922)
会社全体	Y=0.0261*X^(1.1352)

注: 1. 合計時間とは臨時工分をも含む直接製造労働時間と非配賦製造労働時間との合計時間のことです。
　　 2. 非配賦時間とは臨時工分を含む非配賦製造労働時間のことです。
　　 3. ファブとはファブリケーションの短縮形です。
　　 4. ファブ合算とはファブリケーション部門とチューブ部門との合算という意味です。

Fig-53　合計 / 非配賦 製造労働時間

項目	単位	参照と計算	合計	ファブ部門	チューブ部門	溶接部門	レーザー部門	粉体塗装部門
(1)売上高/1時間	ドル	(2)/(3)	$161.73	$190.23	$202.46	$97.89	$221.91	$148.35
(2)売上高目標	ドル	Fig-25参照	18,000,000	6,150,000	5,570,000	3,450,000	1,280,000	1,550,000
(3)所要直接労働時間	時間	Fig-53参照	111,300	32,330	27,511	35,243	5,768	10,448
(4)労働効率	百分率		86.00%	88.20%	85.30%	88.00%	80.80%	80.40%
(5)総所要労働時間	時間	(3)/(4)	129,090	36,655	32,252	40,049	7,139	12,995
(6)臨時工所要労働時間	時間	注2計算による	35,366	9,149	6,906	15,686	1,841	1,785
(7)全社合計所要労働時間	時間	((5)-(3))+((3)-(6))	93,724	27,507	25,346	24,363	5,298	11,210
(8)社員合計直接労働時間	時間	(3)-(6)	75,934	23,181	20,605	19,557	3,927	8,663
(9)必要労働人数	人数	(5)/2024	64	18	16	20	4	6
(10)社員労働人数	人数	(8)/2024	37.5	11.5	10.2	9.7	1.9	4.3
(11)実行人数	人数	小数点繰り上げ	40	12	11	10	2	5
(12)直接労務費予算	ドル	Fig-51参照	2,878,000	851,000	756,000	935,000	126,000	210,000
(13)非正規製造労務費予算	ドル	Fig-41参照	660,000	223,000	160,000	178,000	39,000	60,000
(14)合計労務費予算	ドル	(12)+(13)	3,538,000	1,074,000	916,000	1,113,000	165,000	270,000
(15)労務費原価/1時間	ドル	(14)/(5)	$27.41	$29.30	$28.40	$27.79	$23.11	$20.78

注: 1. 労働効率は当社データによる。臨時工の効率も同様とする。
2. 臨時工の人数は次の売上高比例配分計算で求める。(当期売上高計画値)/(前期売上高実績値)*(前期臨時工総労働時間)
3. 2024という数字は一人当たりの年間想定所定労働時間
4. 労働効率とは総労働時間に対する直接労務時間の比率です。

Fig-54 (5) 製造計画人員と原価

④の労働効率は、時間当たりの直接労働時間の比率を示しているので、前年度実績値から採用します。

　1年は52週ですから、年間労働可能日数は52週×5日＝260日となります。ここから旗日休日の7日を差し引くと、年間労働日数は253日となり、その労働時間は253日×8時間＝2024時間となります。これがFig-54と上記の⑨⑩で用いられている2024という数字であり、1人当たりの年間標準労働時間である根拠です。

　アメリカの旗日には連邦政府、州政府指定のものがあり、基本的には政府機関の休日です。それらの旗日のどの日を民間の会社として有給休日とするかは、ひとえに各会社の決定によります。下記は、アメリカ全州で共通認識されている連邦政府指定の祝日です。当社はこのうちの*印をつけた7日間を有給休日としていました。この7日という有給休日数はごく一般的、標準的な日数です。日本の旗日休日数に比べれば「嘘〜‼」というレベルでしょう。

　　日付／全州共通連邦政府祝日名

　　1月1日／新年*

　　1月第3月曜／キング牧師の誕生日

　　2月第3月曜／プレジデント・デイ（大統領の日）

　　5月最終月曜／メモリアル・デイ*（戦没将兵追悼記念日）

　　7月4日／インデイペンデンス・デイ*（独立記念日）

　　9月第1月曜／レーバー・デイ*（労働祭）

　　10月第2月曜／コロンブス・デイ（大陸発見記念日）

　　11月11日／ベテランズ・デイ*（退役軍人の日）

　　11月第4木曜／サンクスギビング・デイ*（感謝祭）

12月25日／クリスマス*

6. 損益分岐点売上高計画書

　損益分岐点売上高とは、利益がゼロとなる売上高のことで、利益創出のための方法論を考える判断資料となるものです。

　売上高から変動費用を差し引いたものが「限界利益」と呼ばれます。この限界利益から固定費を差し引いたものが「経常利益」です。また、損益分岐点売上高は限界利益率で固定費を除したものです。

　当社がこれまで検討してきた費用、数値で作成した「損益分岐点売上高予算」をFig-55にまとめました。

　アメリカではすべての労務費は変動費に分類されているようですが、私は特段の理由がある場合を除いて、従業員のレイオフを極力避けようという考えから、労務費の70%は固定費、30%は変動費と考えました。この考え方を反映させたのが変動労務費です。

　また、変動費の中の臨時工費用、残業費用、運搬費、梱包費は、それぞれ営業費、工場経費の中にある非配賦製造労務費の中の一部の費用です。大きな費用枠の中の費用の一部ですから、その額を決めるのに単純に前年度実績を参考に比例按分する方法を選び、その方法を「調整」という言葉で表現したのです。

　この損益分岐点売上高計画書に基づいて、月次で業務管理をしていくことになりますが、月次報告用の記録用紙では多少の変更が必要となります。

	会社全体		ファブリケーション部門		チューブ部門		溶接部門		レーザー部門		粉体塗装部門	
売上高	18,000,000	100.0%	6,150,000	100.0%	5,570,000	100.0%	3,450,000	100.0%	1,280,000	100.0%	1,550,000	100.0%
変動費												
材料費	6,040,000	33.6%	1,240,000	20.2%	2,530,000	45.4%	970,000	28.1%	530,000	41.4%	770,000	49.7%
副資材費	572,000	3.2%	121,000	2.0%	108,000	1.9%	260,000	7.5%	35,000	2.7%	48,000	3.1%
外注費	1,583,000	8.8%	1,500,000	24.4%	80,000	1.4%	0	0.0%	3,000	0.2%	0	0.0%
変動労務費	635,400	3.5%	196,800	3.2%	179,100	3.2%	180,000	5.2%	30,600	2.4%	48,900	3.2%
臨時工賃金	760,000	4.2%	195,000	3.2%	159,000	2.9%	335,000	9.7%	24,000	1.9%	47,000	3.0%
残業費用	157,111	0.9%	47,192	0.8%	31,790	0.6%	52,108	1.5%	6,736	0.5%	19,286	1.2%
運搬費	176,000	1.0%	60,133	1.0%	54,462	1.0%	33,733	1.0%	12,516	1.0%	15,156	1.0%
梱包費	63,000	0.4%	21,525	0.4%	19,495	0.4%	12,075	0.4%	4,480	0.4%	5,425	0.4%
光熱費	281,000	1.6%	91,000	1.5%	40,000	0.7%	65,000	1.9%	42,000	3.3%	43,000	2.8%
合計変動費	10,267,511	57.0%	3,472,651	56.5%	3,201,847	57.5%	1,907,916	55.3%	688,331	53.8%	996,767	64.3%
限界利益高	7,732,489	43.0%	2,677,349	43.5%	2,368,153	42.5%	1,542,084	44.7%	591,669	46.2%	553,233	35.7%
固定費												
労務費	1,482,600	8.2%	459,200	7.5%	417,900	7.5%	420,000	12.2%	71,400	5.6%	114,100	7.4%
固定賃金工場経費	3,157,889	17.5%	1,041,808	16.9%	993,210	17.8%	546,892	15.9%	341,264	26.7%	234,714	15.1%
製造固定費	4,640,489	25.8%	1,501,008	24.4%	1,411,110	25.3%	966,892	28.0%	412,664	32.2%	348,814	22.5%
営業費	909,000	5.1%	310,342	5.0%	282,043	5.1%	174,192	5.0%	65,004	5.1%	77,419	5.0%
一般管理費	1,158,000	6.4%	356,000	5.8%	297,000	5.3%	327,000	9.5%	59,000	4.6%	119,000	7.7%
その他固定費	-50,000	-0.3%	-17,000	-0.3%	-15,000	-0.3%	-10,000	-0.3%	-4,000	-0.3%	-4,000	-0.3%
合計固定費	6,657,489	37.0%	2,150,349	35.0%	1,975,153	35.5%	1,458,084	42.3%	532,669	41.6%	541,233	34.9%
合計原価	16,925,000	94.0%	5,623,000	91.4%	5,177,000	92.9%	3,366,000	97.6%	1,221,000	95.4%	1,538,000	99.2%
経常利益	1,075,000	6.0%	527,000	8.6%	393,000	7.1%	84,000	2.4%	59,000	4.6%	12,000	0.8%
損益分岐点売上高	15,497,571	86.1%	4,939,456	80.3%	4,645,647	83.4%	3,262,072	94.6%	1,152,361	90.0%	1,516,379	97.8%
損益分岐点売上比率	86.1%		80.3%		83.4%		94.6%		90.0%		97.8%	
安全余裕率	13.9%		19.7%		16.6%		5.4%		10.0%		2.2%	
月間損益分岐点売上高	1,291,464		411,621		387,137		271,839		96,030		126,365	

Fig-55　（8）損益分岐点売上高予算（ドル）

7．工場労務時間と配置人員

　この計画は、製造部門の予算が確定後の労働時間と所要人数、および非生産部門人員と管理者数を示すものです。ここでは非生産部門と管理者には変化がないという前提で計画されています。非生産部門、管理者部門に対して前年度実績と大きく異なる変更が計画されている場合は、変更はまず営業費一般管理費の変更として記録されたのち、この人員配置計画に反映されます。

　Fig-56にその計画表を示しました。横軸には各部門名とその合計欄を設け、縦軸には製造部門の労務時間、計画人員、非製造部門における職務別計画人数が、以下に示すように記録されます。

①総労働時間：Fig-30 〜 Fig-31（94 〜 95頁）の必要総労働時間
②直接労働時間：Fig-52 〜 fig-53（137 〜 138頁）の必要直接労働時間
③人員数：計算式＝①／ 2024
④計算人員数：計算式＝②／ 2024
⑤臨時工：計算式＝Fig-52 〜 Fig-53の臨時工所要労働時間／ 2024
⑥実際人員：計算式＝④−⑤
⑦運搬部門：前年度実績数
⑧設備維持管理部門：前年度実績数
⑨製造管理者：前年度実績数
⑩製造責任者：前年度実績数
⑪技術部門：前年度実績数

⑫品質管理部門：前年度実績数

⑬総務部：前年度実績数

⑭営業部門：前年度実績数

⑮購買部門：前年度実績数

⑯役員：前年度実績数

⑰合計：計算式＝④＋⑦〜⑯

　　　　実際値＝⑥〜⑯の合計

　ここで分かることは、年度計画においては、売上目標に直接関係する製造関係の時間と人員が変動するだけで、その他の間接部門の人員計画については前年度を踏襲するのが基本となり、変更は年度内の状況に応じて対応するということです。

　期首の４月に一定数の社員を定期的に採用するという一般的な日本の会社のような人員計画はなく、欠員が生じた時、あるいは仕事量が増えた時に応じて補填するというのが基本的な採用方針です。

	ファブリケーション部門	チューブ部門	溶接部門	レーザー部門	自動粉体塗装部門	合計
総労働時間	35,314	31,200	39,682	7,136	12,329	125,661
直接労働時間	32,330	27,511	35,243	5,768	10,448	111,300
人員	17	15	20	4	6	62
(理論数)	16	14	17	3	5	55
(臨時工.)	4	3	7	1	1	16
実際人員	12	10	10	2	4	39
運搬						5
設備維持管理						3
管理職	0.7	1.0	1.0	0.3	0.0	3
管理責任者	0.2	0.2	0.2	0.2	0.2	1
技術部員						6
品質管理員						2
総務部員						6
営業部員						4
購買部員						1
役員						2
合計					理論数人員	88
					実際人員	72

注：1. 実際人員とは臨時工を雇用しないときの当社実際人員を意味する。理論数人員には臨時工を含む。
　　 2. 労働時間には臨時工をも含む直接労働時間、残業時間、有給休暇時間が含まれる。
　　 3. 臨時工の人員数は前年度実績数字に基づく。

Fig-56　（7）労働時間と人員配置

8. 時間当たり工場運用費用（ショップ レイト）

　製造業におけるこの工場運用費用は、私にとってはアメリカに来るまで聞いたことのない費用（経費）概念で、「アメリカ製造業の独特の概念かな？」とも思ったものでした。

　この概念は、会社業務1時間当たりの費用を意味し、推定労働時間さえ決められれば、取引先との取引価格を簡便に推定、確定することができるので、ある意味便利に使われています。

　アメリカの製造業では一般的に、外注は自社に何らかの理由がなければ行いません。何らかの理由とは、私の知る範囲では次のようなことです。

（1）外注先労務費が自社よりも安い

（2）自社製造が客先納期に間に合わない

（3）自社に適切な機械設備がない

（4）自社の方針として、製造部門は持たずに製造委託する

　このような背景から出てくる工場運用費用は、単純に福利厚生、税金等を含む現場労務費を時間当たりに換算したものに過ぎません。いわば自社の部門経費の管理目的に使用されたものと理解されます。

　それでは、下請業である我々はどういう工場運用費用を用いているかを以下に記します。Fig-57にその計算結果を表示しています。この表では、横軸に部門別名と合計欄を、縦軸には諸費用要素を記載しています。縦軸の項目と計算の仕方は以下のとおりです。

	合計	ファブリケーション部門	チューブ部門	溶接部門	レーザー部門	粉体塗装部門
総原価	16,925,000	5,623,000	5,177,000	3,366,000	1,221,000	1,538,000
材料費	7,623,000	2,740,000	2,610,000	970,000	533,000	770,000
副資材費	572,000	121,000	108,000	260,000	35,000	48,000
想定粗利	1,075,000	527,000	393,000	84,000	59,000	12,000
直接労働時間	111,300	32,330	27,511	35,243	5,768	10,448
工場運用費用原価	$83.58	$89.17	$93.31	$95.51	$119.28	$73.51
工場運用利益	$7.60	$13.76	$11.44	$1.56	$7.46	($1.06)
工場運用費用(ショップ レイト)	$91.18	$102.93	$104.75	$93.95	$111.82	$72.44

注: (1) 材料費には外注費を含みます。
(2) 材料の販売益は3%と想定した。

材料支給の仕事の場合は工場運用費用(ショップ レイト)は下記のようになる。

	合計	ファブリケーション部門	チューブ部門	溶接部門	レーザー部門	粉体塗装部門
工場運用費用原価	$83.58	$89.17	$93.31	$95.51	$119.28	$73.51
工場運用利益	$9.66	$16.30	$14.29	$2.38	$10.23	$1.15
工場運用費用原価	$93.23	$105.47	$107.59	$93.12	$129.51	$74.66
差異	2.3%	2.5%	2.7%	-0.9%	15.8%	3.1%

工場運用費用上昇率：3%

Fig-57　（6）工場運用費用（ショップ レイト）予算

①総予算額（総原価）：Fig-51（135頁）、Fig-55（142頁）

②材料費：Fig-51、Fig-55

③副資材費：Fig-55、Fig-57

④想定粗利：Fig-51、Fig-55

⑤直接労働時間：Fig-54（139頁）

⑥工場運用費用原価：計算式＝（①－②）／⑤

⑦工場運用利益：計算式＝（④－0.03*②）／⑤

⑧工場運用費用：計算式＝⑥＋⑦

〈材料客先支給の場合の工場運用経費〉

⑨工場運用費用原価：⑥に同じ

⑩工場運用利益：計算式＝②*0.03 ／⑤＋⑦

⑪工場運用費用原価：計算式＝⑨＋⑩

⑫差異比率：計算式＝（⑩－⑧）／⑧

⑬工場運用費用の推奨費用増加率

　計算式にある0.03という数字は、想定した材料販売利益率（材料取り扱い費用）の3％です。

　下請け製造業の工場運用費用（ショップ　レイト）とは、客先材料支給を前提とした会社の労務提供価格なのです。アメリカにおける下請け製造業は、客先材料支給による労務提供が伝統的な作業形態なので、今もなお、積み上げ方式の見積価格提示よりも簡単で手間が省ける工場運用費用方式が重宝されているのです。

　ただ注意事項として、再三申し上げていますように、会社の立場によって「工場運用費用の意味、定義は千差万別である」ということは肝に銘じておくことが、客先との紛争回避の上でも必要です。当社では管理職、営業担当者にこのことを徹底指導していました。

9.　部門別時間当たり工場管理費計画書

　工場管理費とは、工場を運用する時にかかる費用であり、見積もり時に使用される費用です。Fig-48（130頁）で計画された費用を、想定作業時間で除したものが、時間当たりの工場管理費となります。

　Fig-58に示すように、費用要素とその計算式は以下のとおりです。

①工場経費：Fig-48

②全労働時間：Fig-54（139頁）

③直接労働時間：Fig-54

④工場管理費原価：Fig-58

Ⓐ実績データ

Ⓑ平均値

Ⓒ標準偏差

Ⓓ上限：計算式＝Ⓑ＋Ⓒ

Ⓔ下限：計算式＝Ⓑ－Ⓒ

⑤本年度予算額：計算式＝①／③

⑥時間当たり費用：Ⓓ　Ⓔ　⑤と実績データを考慮して調整

	合計	ファブリケーション部門	チューブ部門	溶接部門	レーザー部門	粉体塗装部門
工場経費	4,168,000	1,301,000	1,173,000	924,000	425,000	345,000
全労働時間	125,661	35,314	31,200	39,682	7,136	12,329
直接労働時間	111,300	32,330	27,511	35,243	5,768	10,448
工場管理費原価						
データ 1	$25.31			$14.32	$56.10	$21.14
データ 2	$31.65			$16.22	$60.71	$29.14
データ 3	$28.55			$18.45	$47.42	$21.84
データ 4	$33.39			$15.63	$59.87	$29.14
データ 5	$29.14	$45.20	$33.10	$14.75	$44.63	$19.03
データ 6	$30.79	$49.65	$33.34	$14.97	$52.76	$20.07
データ 7	$33.11	$48.94	$38.65	$16.87	$43.93	$27.08
データ 8	$28.51	$55.64	$34.90	$15.00	$48.95	$18.74
データ 9	$34.40	$48.33	$41.05	$19.78	$79.86	$22.14
データ 10	$29.09	$35.73	$36.57	$17.51	$71.73	$23.09
データ 11	$40.47	$40.50	$53.87	$26.55	$88.59	$28.38
データ 12	$54.71	$54.83	$77.25	$33.32	$109.49	$41.35
データ 13	$38.13	$46.10	$51.07	$21.26	$71.48	$35.18
データ 14	$38.66	$35.37	$60.15	$24.25	$85.51	$24.18
データ 15	$37.67	$30.88	$46.84	$28.39	$89.93	$27.29
データ 16	$38.58	$34.91	$42.11	$29.09	$96.31	$33.72
データ 17	$45.81	$40.43	$48.04	$32.83	$89.17	$84.74
データ 18	$44.71	$44.33	$50.18	$30.75	$88.81	$52.65
データ 19	$47.92	$54.40	$54.70	$33.11	$65.95	$44.47
データ 20	$46.82	$52.63	$47.98	$37.72	$91.01	$32.02
平均値	$36.87	$44.87	$46.86	$23.04	$72.11	$31.77
標準偏差	$7.92	$7.86	$11.51	$7.73	$19.71	$15.36
上限値	$44.79	$52.73	$58.37	$30.77	$91.82	$47.13
下限値	$28.95	$37.00	$35.35	$15.30	$52.40	$16.41
本年度予算額	$37.45	$40.24	$42.64	$26.22	$73.68	$33.02
時間当たり費用	$37.00	$40.00	$42.00	$26.00	$73.00	$33.00

Fig-58　(9) 時間当たり部門別工場管理費用予算

10.　設備投資計画書

　製造業にとって、機械設備への投資は何にも増して重要なことです。生産性の向上という身近な要求のみならず、従業員の働く意欲を刺激し、社内を活性化することができるのが最大の利点です。

　私は当社着任以来その点を考え、毎年約50万ドル（5500万〜6000万円）を機械設備投資へ予算計上し、各部門責任者の裁量によって使えるようにしました。そして、自動機械設備とコンピューターシステムに重点を置いて投資し、アナログシステムの発展的解消を指導してきました。このことが、1991年以来28年にわたって当社が生き延びることができた最大の理由だと思われます。

　設備投資の実際の効果を確認するにはどうすればいいかはよく分かりませんが、Fig-32（97頁）に示した月間製造高に対する労働時間の経年変化グラフで判断していました。数年に一度、グラフの傾きを比較して投資効果を確認するのです。

　Fig-59に、とある年度向けの設備投資計画書を示しました。この年度の年初には、長年の懸案だった全自動パンチ、レーザー互換機の導入・設置が始まるので、前年度投資予算額が大きく膨らんで、別枠で約180万ドル（2億円）となっており、この年度は仕事の流れをスムースにするために役立つ小さな自動化機器や揚重設備、治工具等の投資に割り振られています。投資対象およびその額は、社内で責任者が協議・立案し、社長と会長が決定するものです。

1. 製造設備

機械、機器 設備一式	一式	
ファブリケーション部門	一式	$70,000
チューブ部門	一式	$250,000
溶接部門	一式	$30,000
レーザー部門	一式	$30,000
粉体塗装部門	一式	$10,000
2. 技術部門/総務部門	一式	$20,000
3.その他：不使用機械、機器の売却	一式	($10,000)
	合計	$400,000

今年度は大型投資の計画はありません。今期は仕事の流れをよりスムースにするのに役立つタイプの
小さな機器を中心に設備投資を考えていきます。

Fig-59 （10）設備投資計画（ドル）

　さて、以上の第3章、第4章が「年次業務計画書」の作成要領
です。こうして作られた年次業務計画書を実際の業務管理資料と
して必要に応じて適宜適切に運用するわけですが、この運用の道
具が、第1章内の「毎日の業務の集積結果を毎日分析する」の
(1)～(10)の記載事項と、第2章で述べた「月次業務報告書」で
す。

　これらの報告事項の中に設定されている年間管理目標値は、す
べて「年次業務計画書」の書式の中に反映されているので、毎日
の業務結果を「月次業務報告書」にまとめ、月次で年次計画と比
較検討してその成果を確認し、経営の適正化、最適化等の軌道修
正を迅速に行えるようにしていかなければなりません。

　このようにした月次業務報告を12ヵ月間まとめたものが当年
度の「月次業務報告書」となり、ここに集積された情報をその年
度の業務結果としてまとめたものが「年次業務結果報告書」とな
ります。

第 5 章

年次業務結果報告書

年次業務結果報告書の11項目

「月次業務報告書」の12月度に集積された年次業務結果を編集、取捨選択し、当該年度結果のみならず、年次時系列変化の結果をも加味した業務結果報告書を、年次業務結果報告としてまとめたものを「年次業務結果報告書」とします。

　業務計画書に基づき実施された業務の結果をまとめたのがこの「年次業務結果報告書」です。実施結果が計画に対してどういう状態にあるかを分析するのはもちろんですが、それと同時に歴年の傾向として改善方向なのか、現状維持なのか、はたまた劣化傾向なのかを分析することもまた重要です。企業経営は利益がある時だけするものだけではなく、生活の手段として未来永劫続けなければいけないものと理解するからです。生存を見据えて努力するのは当たり前のことと思います。

　しかし、結果に対して一喜一憂するのではなく、その結果の生きた意味を見つけ、先行きの業務計画に反映させることが真の目的です。

「年次業務結果報告書」には、以下に記されている11項目について報告がされています。

　(1)　貸借対照表
　(2)　損益計算書／キャッシュフロー計算書
　(3)　詳細財務報告書
　(4)　損益分岐点分析

(5) 変動分析―計画書との比較

(6) 工場運用費用検討

(7) 実際工場費用

(8) 財務分析

(9) 総合業務実績評価

(10) 業界分析

(11) 現状財務状況

　上記の報告項目(1)～(3)は、年次業務実績の結果と比較のための前年度結果報告をも併記しており、会計事務所によって作成されています。

　年次業務結果は、経理的にはこの報告書にすべて記載されていますが、経営の観点からはこの結果を裏付けるデータ、すなわち経営情報が必要となります。この結果、前年度実績に対しての増減が明瞭となりますが、それは数値上の増減を見るだけであり、数値の持つ意味は問えません。この数値の持つ意味を分析し、将来の業務計画に反映させる方法が、業務計画との比較であり、数値の時系列傾向分析です。

　従って項目(1)～(3)については数値をよく確認し、増減の理由を考え、業務計画との差異を確認することが主目的となりますが、それには予算比較表の作成が大切となります。

　それらは項目(4)～(11)としていろいろな分析が行われ、数字の持つ意味を明確化していきます。

　項目(4)損益分岐点分析結果がFig-60、Fig-61です。

Fig-60 損益分岐点分析結果 1（ドル）

項目	会社全体 目標	会社全体 実績売上高目標	会社全体 結果	アプリケーション部門 目標	アプリケーション部門 実績売上高目標	アプリケーション部門 結果	チューブ部門 目標	チューブ部門 実績売上高目標	チューブ部門 結果
売上高	16,500,000　100.0%	18,625,670　100.0%	— 112.9%	3,200,000　100.0%	4,201,440　100.0%	— 131.3%	6,900,000　100.0%	8,873,891　100.0%	— 128.6%
変動費									
(1)材料費	7,275,000　44.1%	8,212,227　44.1%	7,267,313　39.0%	870,000　27.2%	1,142,267　27.2%	1,235,241　29.4%	3,589,000　52.0%	4,615,709　52.0%	4,216,766　47.5%
(2)副資材費	408,000　2.5%	460,562　2.5%	471,863　2.5%	76,000　2.4%	99,784　2.4%	80,957　1.9%	80,000　1.2%	102,886　1.2%	128,700　1.5%
(3)外注費	863,000　5.2%	974,179　5.2%	1,831,225　9.8%	337,000　10.5%	442,464　10.5%	571,113　13.6%	518,000　7.5%	666,185　7.5%	1,260,683　14.2%
(4)変動労務費	374,400　2.3%	422,633　2.3%	451,687　2.4%	72,900　2.3%	95,714　2.3%	92,981　2.2%	110,700　1.6%	142,368　1.6%	147,906　1.7%
(5)臨時加工費用	409,000　2.5%	461,691　2.5%	497,523　2.7%	101,000　3.2%	132,608　3.2%	155,190　3.7%	36,000　0.5%	46,299　0.5%	111,451　1.3%
(6)運搬費	62,000　0.4%	69,987　0.4%	78,191　0.4%	15,000　0.5%	19,694　0.5%	18,689　0.4%	18,000　0.3%	23,148　0.3%	23,199　0.3%
(7)運賃費	190,000　1.2%	214,477　1.2%	189,415　1.0%	36,848　1.2%	48,380　1.2%	42,181　1.0%	79,465　1.2%	102,184　1.2%	89,934　1.0%
(8)梱包費	55,000　0.3%	62,086　0.3%	59,530　0.3%	10,667　0.3%	14,005　0.3%	13,969　0.3%	23,000　0.3%	29,578　0.3%	28,086　0.3%
(9)光熱費	234,000　1.4%	264,146　1.4%	253,775　1.4%	64,000　2.0%	84,020　2.0%	77,931　1.7%	29,000　0.4%	37,294　0.4%	40,688　0.5%
変動費合計	9,870,400　59.8%	11,141,989　59.8%	11,100,522　59.6%	1,583,415　49.5%	2,078,945　49.5%	2,282,142　54.3%	4,483,165　65.0%	5,765,656　65.0%	6,047,413　68.1%
限界利益	6,629,600　40.2%	7,483,886　40.2%	7,525,148　40.4%	1,616,585　50.5%	2,122,495　50.5%	1,919,298　45.7%	2,416,845　35.0%	3,108,235　35.0%	2,826,478　31.9%
固定費									
(1)労務費	873,600　5.3%	873,600　4.7%	1,053,937　5.7%	170,100　5.3%	170,100　4.0%	216,965　5.2%	258,300　3.7%	258,300　2.9%	345,115　3.9%
(2)固定事業工場経費	2,824,000　17.1%	2,824,000　15.2%	2,938,660　15.8%	564,000　17.6%	564,000　13.4%	531,648　12.7%	1,172,000　17.0%	1,172,000　13.2%	1,232,001　13.9%
(3)小抵-製造固定費	3,697,600　22.4%	3,697,600　19.9%	3,992,597　21.4%	734,100　22.9%	734,100　17.5%	748,503　17.8%	1,430,300　20.7%	1,430,300　16.1%	1,577,116　17.8%
(4)営業費	798,000　4.8%	798,000　4.3%	844,528　4.5%	154,485　4.8%	154,485　3.7%	152,820　3.6%	263,000　3.8%	263,000　3.0%	215,360　2.4%
(5)一般管理費	1,078,000　6.5%	1,078,000　5.8%	1,130,517　6.1%	224,000　7.0%	224,000　5.3%	217,225　5.2%	333,545　4.8%	333,545　3.8%	344,284　3.9%
(6)その他経費	100,000　0.6%	100,000　0.5%	129,176　0.7%	20,000　0.6%	20,000　0.5%	29,540　0.7%	40,000　0.6%	40,000　0.5%	61,165　0.7%
固定費合計	5,673,600　34.4%	5,673,600　30.5%	6,096,418　32.7%	1,132,585　35.4%	1,132,585　27.0%	1,148,087　27.3%	2,066,845　30.0%	2,066,845　23.3%	2,197,925　24.8%
総原価	15,544,000　94.2%	16,815,589　90.3%	17,196,940　92.3%	2,716,000　84.9%	3,211,530　76.4%	3,430,229　81.6%	6,550,000　94.9%	7,832,501　88.3%	8,245,338　92.9%
経常利益	956,000　5.8%	1,810,081　9.7%	1,428,730　7.7%	484,000　15.1%	989,910　23.6%	771,211　18.4%	350,000　5.1%	1,041,390　11.7%	628,553　7.1%
損益分岐点売上高（損益分岐点売上高比率）	14,120,671　85.6%	14,120,671　75.8%	15,089,387　81.0%	2,241,931　70.1%	2,241,931　53.4%	2,513,220　59.8%	5,900,764　85.5%	5,900,764　66.5%	6,900,512　77.8%
（1日当たり売上高）	1,176,723	1,176,723	1,257,449	186,828	186,828	209,435	491,730	491,730	575,043
安全余裕率	14.4%	24.2%	19.0%	29.9%	46.6%	40.2%	14.5%	33.5%	22.2%

損益分岐点分析結果2（ドル）

	直接部門 目標	%	直接部門 実績売上高目標	%	直接部門 結果	%	レーザー部門 目標	%	レーザー部門 実績売上高目標	%	レーザー部門 結果	%	粉体塗装部門 目標	%	粉体塗装部門 実績売上高目標	%	粉体塗装部門 結果	%
売上高	2,800,000	100.0%	2,276,637 / 2,800,000	100.0%	2,276,637	100.0% (81.3%)	1,400,000	100.0%	1,547,683 / 1,400,000	100.0%	1,547,683	100.0% (110.5%)	2,200,000	100.0%	1,726,017 / 2,200,000	100.0%	1,726,017	100.0% (78.5%)
変動費																		
(1) 材料費	825,000	29.5%	728,601	32.0%	340,170	14.9%	385,000	27.5%	573,827	37.1%	611,581	39.5%	1,366,000	62.1%	1,074,387	62.2%	853,556	49.5%
(2) 副資材費	238,000	8.5%	159,091	7.0%	177,669	7.8%	48,000	3.4%	36,381	2.4%	35,108	2.3%	28,000	1.3%	28,060	1.6%	49,432	2.9%
(3) 外注費	3,000	0.1%	2,439	0.1%	0	0.0%	17,000	1.2%	8,002	0.5%	9,432	0.6%	0	0.0%	0	0.0%	0	0.0%
(4) 変動労務費	227,136	8.1%	124,449	5.5%	140,049	6.2%	33,550	2.4%	30,518	2.0%	33,389	2.2%	37,620	1.7%	24,646	1.4%	37,364	2.2%
(5) 臨時工賃用	31,880	1.1%	123,424	5.4%	159,449	7.0%	10,166	0.7%	5,610	0.4%	522	0.0%	6,600	0.3%	57,541	3.3%	70,911	4.1%
(6) 残業代	18,368	0.7%	18,593	0.8%	20,848	0.9%	2,555	0.2%	5,489	0.4%	5,781	0.4%	1,024	0.0%	4,103	0.2%	9,778	0.6%
(7) 運搬費	32,308	1.2%	26,227	1.2%	23,699	1.0%	16,154	1.2%	17,829	1.2%	15,720	1.0%	25,385	1.2%	19,883	1.2%	17,882	1.0%
(8) 梱包費	10,769	0.4%	7,824	0.3%	7,110	0.3%	5,385	0.4%	5,325	0.3%	4,985	0.3%	8,462	0.4%	5,931	0.3%	5,390	0.3%
(9) 光熱費	70,000	2.5%	51,070	2.2%	66,921	2.9%	25,000	1.8%	28,629	1.8%	31,710	2.0%	38,000	1.7%	35,547	2.1%	42,524	2.5%
変動費合計	1,456,461	52.0%	1,241,717	54.5%	935,915	41.1%	542,810	38.8%	711,610	46.0%	748,227	48.3%	1,511,090	68.7%	1,250,100	72.4%	1,086,837	63.0%
限界利益	1,343,539	48.0%	1,034,920	45.5%	1,340,722	58.9%	857,190	61.2%	836,073	54.0%	799,456	51.7%	688,910	31.3%	540,487	31.3%	639,180	37.0%
固定費																		
(1) 労務費	529,984	18.9%	367,696	16.2%	326,780	14.4%	78,284	5.6%	68,396	4.4%	77,907	5.0%	87,780	4.0%	71,820	4.2%	87,183	5.1%
(2) 固定費工場経費	583,632	20.8%	529,908	23.3%	570,677	25.1%	360,445	25.7%	387,111	25.0%	390,682	25.2%	137,978	6.3%	169,494	9.8%	213,747	12.4%
(3) 小計―製造固定費	1,113,616	39.8%	897,604	39.4%	897,457	39.4%	438,729	31.3%	455,507	29.4%	468,589	30.3%	225,756	10.3%	241,314	14.0%	300,930	17.4%
(4) 営業費	124,923	4.5%	132,799	5.8%	334,633	14.7%	62,462	4.5%	70,161	4.5%	64,778	4.2%	98,154	4.5%	100,902	5.8%	76,937	4.5%
(5) 一般管理費	420,000	15.0%	412,500	18.1%	377,352	16.6%	69,000	4.9%	64,500	4.2%	87,914	5.7%	70,000	3.2%	106,000	6.1%	103,343	6.0%
(6) その他経費	22,000	0.8%	18,250	0.8%	16,081	0.7%	11,000	0.8%	10,250	0.7%	10,423	0.7%	17,000	0.8%	14,000	0.8%	11,966	0.7%
固定費合計	1,680,539	60.0%	1,461,153	64.2%	1,625,524	71.4%	581,190	41.5%	600,418	38.8%	631,704	40.8%	410,910	18.7%	462,216	26.8%	493,176	28.6%
総原価	3,137,000	112.0%	2,702,870	118.7%	2,561,439	112.5%	1,124,000	80.3%	1,312,029	84.8%	1,379,930	89.2%	1,922,000	87.4%	1,712,316	99.2%	1,580,013	91.5%
経常利益	-337,000	-12.0%	-426,233	-18.7%	-284,802	-12.5%	276,000	19.7%	235,654	15.2%	167,753	10.8%	278,000	12.6%	13,701	0.8%	146,004	8.5%
損益分岐点売上高（1月当たり売上高）	3,502,324 / 291,860	125.1%	3,214,271 / 267,856	141.2%	2,760,250 / 230,021	121.2%	949,225 / 79,102	67.8%	1,111,455 / 92,621	71.8%	1,222,927 / 101,911	79.0%	1,312,221 / 109,352	59.6%	1,476,064 / 123,005	85.5%	1,331,754 / 110,980	77.2%
損益分岐点比率		125.1%		141.2%		121.2%		67.8%		71.8%		79.0%		59.6%		85.5%		77.2%
安全余裕率		-25.1%		-41.2%		-21.2%		32.2%		28.2%		21.0%		40.4%		14.5%		22.8%

Fig-61　損益分岐点分析結果2（ドル）

分析は部門別に行われ、会社全体、ファブリケーション、チューブ、溶接、レーザー、粉体塗装の6部門です。それぞれの部門では「目標」「実績売上高目標」「結果」の3種類の数字があります。「目標」は予算額です。「実績売上高目標値」は、実績売上高に応じて目標予算額を比例按分したものです。「結果」は実績数字です。これらの3種類の数字を比較して、実績値の良否を判断します。

　この年度は12.9％の売上増の結果、実績売上高目標値（売上増減に応じて当初予算を売上高に応じた予算に組み替えたもの）の税引き前利益は9.7％の予定でしたが、実際には7.7％だったので達成率は79.4％でした。この理由は、売上増となり変動費も0.2％減少させたにもかかわらず、製造固定費が1.6％、製造固定費以外の固定費も0.6％増大し、最終的に総原価が2.0％上昇したことにあります。

　これから分かることは、固定費の管理、特に製造固定費の管理が難しいということです。損益分岐点分析では、このような変化を各部門で簡単に知ることができるので、業務内容の検討には有効な分析法です。

　項目(5)は、年次業務計画と年次業務実績の比較表です。

　横軸に損益計算書上の費用要素を、縦軸に費用発生6部門を記載し、予算に対する実績値を記載して、達成度を百分率で表示します。

　前述しましたが、この年度は目標売上高$16,500,000に対して実績売上高は＄18,625,670と、12.9％の増収でした。この結果、税引き前利益は当初計画値5.8％を上回る7.7％となったのですが、

実績売上高目標9.7％に対しては2.0％減の＄1,428,730となり、実績売上高目標値計画利益額$1,810,081（実績売上高目標値計画利益額とは、実績売上高に対応する計画利益）には足りない78.9％の達成度でした。

　粗利は、実績売上高目標計画粗利に対して93.1％なので、まあまあの成績と言うことができますが（製造原価は実績売上高目標計画製造原価に対して2.0％増）、その他経費を含む一般管理費は、実績売上高計画費用に対して7％増の$81,000です。この増加が結果として税引き前利益の減少をもたらしていました。

　一般的に固定費と考えられるその他経費を含む一般管理費の適切な管理が大切であることを教えてくれます。

　各部門についても、同様な手順で業績を評価することができます。

　項目(6)はFig-62に示すように工場運用費用（ショップ レイト）の計画値と実績結果を比較したものです。この年度の実績は、年度計画値$85.03に対して4.9％増の$89.16でした。その原因は、レーザー部門、粉体塗装部門での費用増が22.4％、31.3％と多かったためと考えられます。

　項目(7)は、Fig-63に示す実際工場費用（ワークセンターコスト）を見ると、溶接部門で31.5％、レーザー部門で23.6％、粉体塗装部門で45.3％と、計画値を大きく超えています。

　項目(5)の変動分析―計画書との比較という観点から見ると、会社全体の売上高は12.9％増、ファブリケーション部門で31.3％増、チューブ部門でも28.6％増となりましたが、溶接部門で

		会社全体	ファブリケーション部門	チューブ部門	溶接部門	レーザー部門	粉体塗装部門
(1)総原価	年度実績値	17,196,949	3,430,229	8,245,338	2,561,439	1,379,930	1,580,013
(2)材料費	年度実績値	9,098,539	1,806,353	5,477,449	340,170	621,012	853,555
(3)副資材費	年度実績値	471,864	80,956	128,701	177,669	35,106	49,432
(4)総直接労働時間	年度実績値	99,100	27,271	29,151	29,705	5,766	7,207
(5)実績ショップ原価	計算式=((1)-(2)-(3))/(4)	76.96	56.58	90.54	68.80	125.53	93.94
(6)計画ショップ原価	年度計画値	77.57	72.65	109.98	80.28	102.27	80.33
(7)計画値の実績値比率	計算式=((6)-(5))/(5)	0.8%	22.1%	17.7%	14.3%	-22.7%	-16.9%
(8)総利益	年度実績値	1,428,719	771,211	628,553	-284,802	167,753	146,004
(9)材料利益	年度実績値	219,661	40,795	139,253	7,718	12,546	19,349
(10)副資材利益	年度実績値	0	0	0	0	0	0
(11)ショップ利益	計算式=((8)-(9)-(10))/(4)	12.20	26.78	16.79	-9.85	26.92	17.57
(12)計画ショップ利益	計算式=((15)-(6))/(15)	8.8%	22.9%	8.5%	-5.2%	17.8%	5.4%
(13)実績ショップ利益率	計算式=(11)/((5)+(11))	13.7%	32.1%	15.6%	-16.7%	17.7%	15.8%
(14)実績ショップレイト	計算式=(5)+(11)	89.16	83.36	107.32	58.95	152.45	111.51
(15)計画ショップレイト	年度計画値	85.03	94.21	120.19	84.68	124.51	84.92
(16)計画値の実績値比率	計算式=((15)+(14))/(15)	-4.9%	11.5%	10.7%	30.4%	-22.4%	-31.3%
(17)利益ゼロ時のショップレイト	計算式=(14)-(11)	76.96	56.58	90.54	78.64	125.53	93.94

注：(1)実績ショップレイトとは.当該年度の物です。
(2)ショップ原価＝(総原価 - 材料費 - 副資材費)/総直接労働時間
(3)材料費利益は材料費の10%と仮定している。
(4)ショップ利益＝(総利益 - 材料利益 - 副資材利益)/総直接労働時間
(5)ショップ利益率＝ショップ利益/(ショップ原価 + ショップ利益)
(6)ショップレイト＝ショップ原価 + ショップ利益
(7)外注費は材料費に含まれている。
(8)ファブとはファブリケーションの短縮形。

Fig-62 （5）工場運用費用（ショップ レイト）結果（ドル）

	会社全体	ファブ部門	ファブ部門単独	チューブ部門	溶接部門	レーザー部門	粉体塗装部門
工場経費	3,742,487	2,127,609	703,024	1,424,585	836,115	463,282	315,481
実績総直接労働時間	99,100	56,422	27,271	29,151	29,705	5,766	7,207
実績 1	27.65	24.82				77.42	21.59
実績 2	30.87	26.98				95.71	21.62
実績 3	24.65	21.42				56.40	21.27
実績 4	31.65	28.06				60.82	29.86
実績 5	29.33	27.87				47.79	22.52
実績 6	33.39	31.23				58.84	29.14
実績 7	32.96	44.44	54.89	36.64	16.05	50.87	21.88
実績 8	33.81	45.42	54.28	39.27	16.26	43.59	31.42
実績 9	25.34	34.50	42.23	29.62	14.80	32.00	22.39
実績 10	28.51	42.01	55.64	34.90	15.00	48.95	18.74
実績 11	34.40	43.74	48.33	41.05	19.78	79.86	22.14
実績 12	29.09	36.27	35.73	36.57	17.51	71.73	23.09
実績 13	38.04	46.04	38.15	52.10	24.83	80.72	25.36
実績 14	54.71	67.43	54.83	77.26	33.32	109.49	41.36
実績 15	45.78	58.57	48.92	65.46	28.51	92.18	28.26
実績 16	38.66	48.56	35.37	60.15	24.25	85.49	24.18
実績 17	37.76	37.71	25.78	48.87	28.15	80.35	43.77
当該年度計画	36.95	N/A	34.62	58.48	21.40	65.00	30.12
計画値と実績値との差額	-$0.81	N/A	$8.84	$9.61	-$6.75	-$15.35	-$13.65
差率比率	-2.2%	N/A	25.5%	16.4%	-31.5%	-23.6%	-45.3%

注：1. ファブ部門はチューブ部門、溶接部門を含む。
2. ファブ部門単独とはファブ部門からチューブ部門、溶接部門を分離したものです。

Fig-63 （6）ワークセンターコスト結果（ドル）

18.7％、粉体塗装部門で17.8％と、大きく計画売上高を下回って
います。また、溶接部門では売上高は大きく減らしましたが、経
常利益はほぼ計画値に届いていますし、粉体塗装部門も実績売上
高目標経常利益額に対して10倍ほどの利益を計上していますが、
レーザー部門では売上高10％減で、経常利益約50％減となって
います。

　業績内容では計画利益を達成していますが、売上高の減少部門
が、工場運用費用、実際工場費用の計画値からの乖離を増長して
いるとも考えられます。

　また、レーザー部門では売上は3.2％の微増でしたが、税引き
前利益は計画利益目標に到達できませんでした。これは、計画工
場運用費用、実際工場費用が低過ぎたものと思われます。

財務分析の詳細

　当該年度の業務結果の報告のみならず、当該年度を含む業務の
時系列変化を記録し、グラフ化して、当該時点での会社の現状を
認識するための分析も行っていました。それがFig-64 〜 Fig-99
に示す、項目（8）の財務分析です。その詳細は以下のとおりです。
①成長傾向分析：Fig-64、Fig-65
②時系列貸借対照表：Fig-66、Fig-67
③時系列所得傾向分析：Fig-68
④収益力傾向分析：Fig-69、Fig-70
⑤採算性傾向分析：Fig-71、Fig-72、Fig-73
⑥変動費傾向分析会社全体：Fig-74、Fig-75、Fig-76

⑦変動費傾向分析ファブリケーション部門：Fig-77、Fig-78

⑧変動費傾向分析チューブ部門：Fig-79、Fig-80

⑨変動費傾向分析溶接部門：Fig-81、Fig-82

⑩変動費傾向分析レーザー部門：Fig-83、Fig-84、Fig-85

⑪変動費傾向分析粉体塗装部門：Fig-86、Fig-87、Fig-88

⑫工場経費傾向分析：Fig-89

⑬光熱費傾向分析：Fig-90

⑭安定性傾向分析：Fig-91、Fig-92、Fig-93、Fig-94

⑮生産性傾向分析：Fig-95、Fig-96、Fig-97、Fig-98、Fig-99

　財務分析は数字が細かく、データを一瞥しただけでは数字の持つ意味を理解するのが難しいので、それらをすべてグラフ化して、理解が容易にできるようにしています。

　例えば上記①成長傾向分析のFig-64、Fig-65の成長性経年変化データのグラフを見れば、売上高、付加価値額、人件費、総資産、自己資本、税引き前利益等々の時系列変化が一目瞭然で分かり、当該年度の結果の可否も、この結果と比較して分かります。

　当初の数年間はジリ貧傾向で、その後は持ち直し、売上高や付加価値は横ばい状態でしたが、その後上昇に転じていきました。データ番号19で急激に下降しているのは2009年のリーマンショックの影響時ですが、それを除いては大きく改善されてきているのが分かります。総資産、自己資本についても、その後はそれぞれ222％、270％と継続的に増えています。この間、売上高は297％増加しましたが、人件費は205％に抑えられています。

　貸借対照表の時系列分析Fig-66にある総資産、総負債、自己

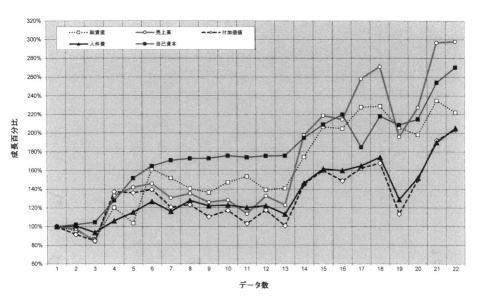

Fig-64　成長性経年変化1

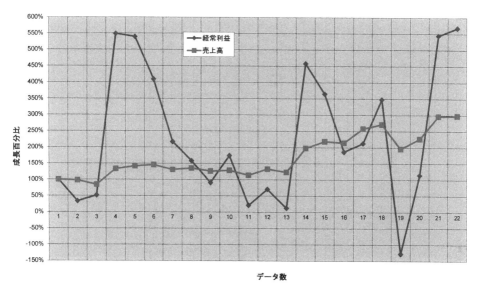

Fig-65　成長性経年変化2

資本を見ても、データ番号5までは不安定ですが、データ番号6〜13までは安定的に推移し、その後は上昇に転じ、改善が進んでいることが分かります。Fig-67に記載されている項目についても同様な傾向が見られます。

　上記③時系列所得傾向分析のグラフ、Fig-68「経年損益計算書傾向」も、すべて売上高に連動して変化しており、業務運営上の特異点は見られません。

　在庫の回転日数については、Fig-70のグラフから興味深い結果が見られます。主材料は、多少の上下はありますが、全データ期間でほぼ8日から10日であり、副資材については2日以下とほぼ安定的に推移しています。しかし、仕掛品、完成品についてはデータ番号10頃から3〜4期間ぐらいの周期で上下を繰り返しています。

　この理由には興味深いものがあり、一つは、当時アメリカではトヨタ自動車の開発したJust In Timeによる納品方式を導入する会社が増加していったためです。当社が新規獲得したXYZ社もその1つで、年間製造計画量に基づき日々 Just In Time方式で必要数量をほぼ毎日、遠方の工場に送り届けなければなりませんでした。このため、必然的に仕掛品、完成品在庫が増えてしまうのです。極端に言えば、売上高の増加に比例して在庫が増えていくわけです。

　2つ目は、営業担当者の間違った客先サービスです。客先との関係の円滑化のためと、製造原価を引き下げるという理由で、受注量以上の製造数量を製造部に指示するからです。

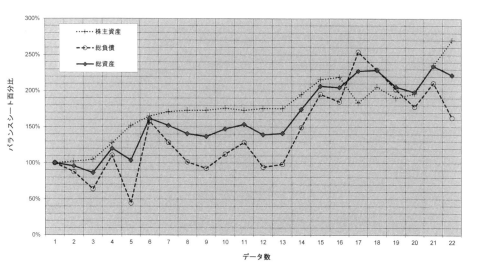

Fig-66 貸借対照表1

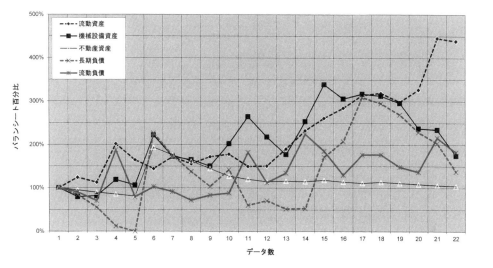

Fig-67 貸借対照表2

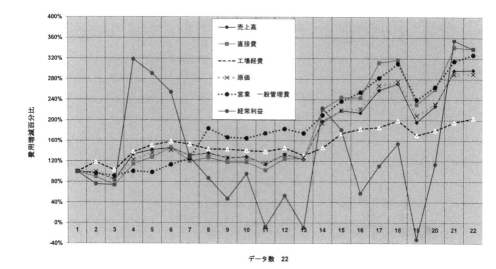

Fig-68　経年損益計算書傾向

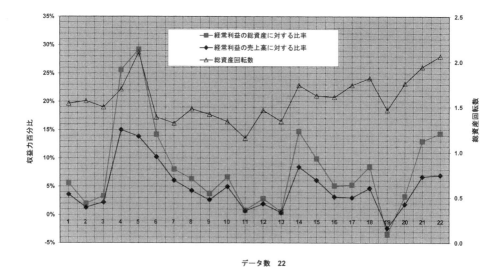

Fig-69　収益力経年変化

　当社では在庫調査は月次で行っていたので、その情報をもとに3ヵ月に一度、客先に在庫品の引き取りを交渉するようにしました。その結果、2012年度は主材料8日、副資材2日、仕掛品19日、完成品15日の、合計44日に抑えることができました。

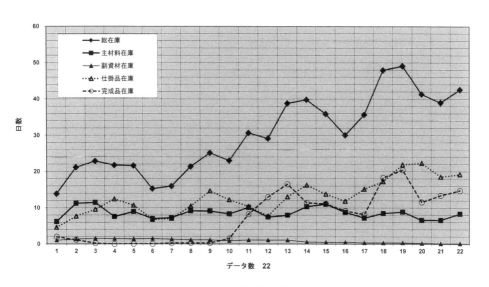

Fig-70　在庫回転日数経年変化

　項目⑤採算性傾向分析についてはFig-71、Fig-72を参照してください。売上高が増加すると変動費が増大し、製造固定費も一般管理費も多少は増えますが、ほぼ固定費として挙動しているので、損益分岐点も変動費に対応して大きくなることがグラフから分かります。

165

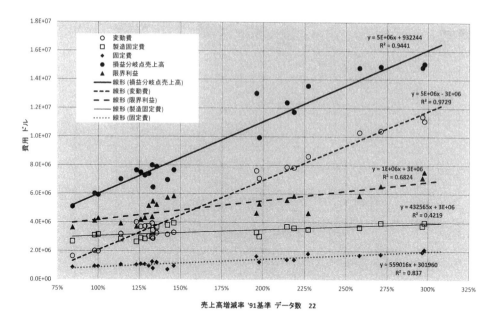

Fig-71　採算性傾向 1

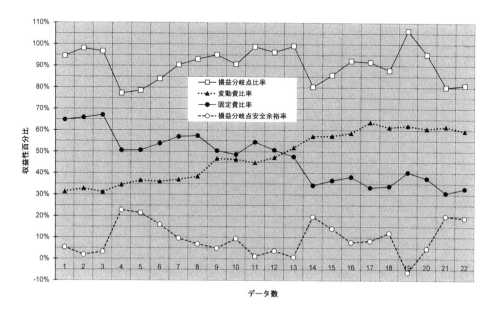

Fig-72　採算性傾向 2

　Fig-73「損益分岐点経年変化」のグラフには、固定費と変動費と損益分岐点売上高の過去22年間の記録があります。これらの近似曲線分析結果、決定係数R^2値はそれぞれ0.94、0.97、0.82となり、売上高の増減と固定費、変動費、損益分岐点売上高の増減との間にはかなり高い相関関係があると想定されます。

　操業開始の1991年の売上高を基準にした売上高増減率に対応した固定費額、限界利益額、損益分岐点売上高額、変動費額、製造固定費額も同様に、Fig-71「採算性傾向1」のグラフにあるように高い相関関係を示しています。言い換えれば、目標としていた数値に基づく予算制度による経営が機能していたということではないでしょうか。

　項目⑥〜⑪には、変動費の傾向分析が表示されています。定義に従えば、変動費とは売上高の変動に応じて変化する費用であり、固定費とは売上高の変動に左右されない一定不変の費用です。しかしながら、売上高の変動に全く影響されない、無関係な費用、いわゆる固定費として私の頭に浮かぶ費用としては、（1）不動産の賃貸料、自社不動産減価償却費、（2）設備投資費用（事務所備品を含む）と、その減価償却費用、（3）経営管理者給与等々ぐらいで、他の費用は何らかの形で売上高の変動の影響を受けていると考えます。

　例えば、運搬車両を新たに購入するとか、既存の2トントラックを4トントラックにする費用は変動費用でしょうか、それとも固定費でしょうか？　事務用品や紙代は変動費？　固定費？　コンピューターのハードウェア、ソフトウェアの維持管理費はどうでしょう？　凡庸な私には難し過ぎます。

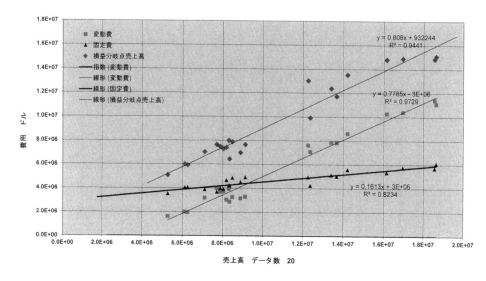

Fig-73　損益分岐点経年変化

　そこで私は、固変分解を簡単に割り切り、会社が基本として備えるものは固定費、仕事の発生で費用が発生するものを変動費と大雑把に考えました。大切なことは「決められた一定の取扱規則の中で長期、安定的に数値を記録・分析すること」であって、「理論的に100％正しい規則でなければ正しい記録・分析はできない」という考えではありません。

　Fig-73の22年間にわたる「損益分岐点経年変化」における近似式から求めた固定費比率は16.13％、変動費率は77.85％、損益分岐点率は80.8％となっています。固定費といえども現実的には売上高の変動に対応して増減しています。

　Fig-74 ～ Fig-89にある各部門の変動費経年変化でも、同じ傾向が見られます。

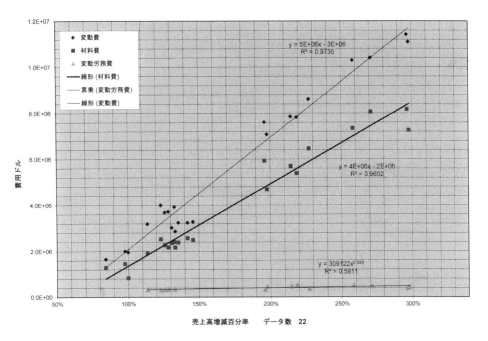

Fig-74　変動費経年変化（会社全体1）

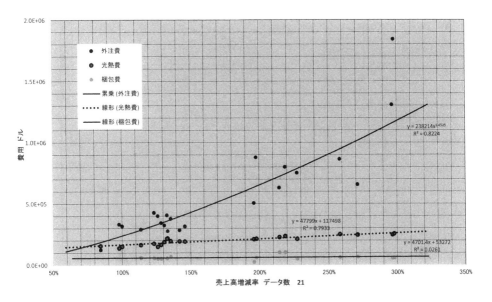

Fig-75　変動費経年変化（会社全体2）

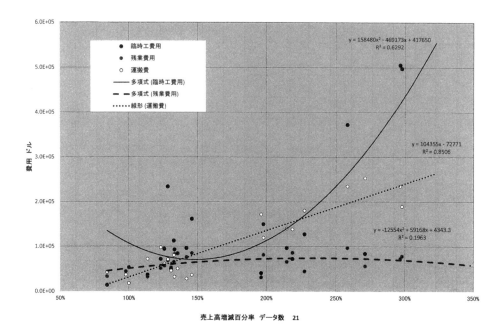

凡例:
- ● 臨時工費用
- ● 残業費用
- ○ 運搬費
- ——— 多項式 (臨時工費用)
- - - - 多項式 (残業費用)
- ……… 線形 (運搬費)

$y = 158480x^2 - 469173x + 417650$
$R^2 = 0.6292$

$y = 104355x - 72771$
$R^2 = 0.8506$

$y = -12554x^2 + 59168x + 4343.3$
$R^2 = 0.1963$

費用 ドル

売上高増減百分率　データ数　21

Fig-76　変動費経年変化（会社全体3）

　外注費用は、ファブリケーション部門、チューブ部門、レーザー部門では変動費として挙動していますが、他の部門ではそうではありません。

　残業費用については、溶接部門とレーザー部門では変動費として挙動していますが、ファブリケーション部門、チューブ部門では売上高変化に対する残業費用の変化が小さく、固定費のように見えます。これは、絶えずある一定量の残業が行われているので、その範囲で売上増に対処されているものと推測されます。

　粉体塗装部門では、残業費用、臨時工費用、変動労務費、外注費等の労務費関係のデータのばらつきが大きく、傾向がつかめません。

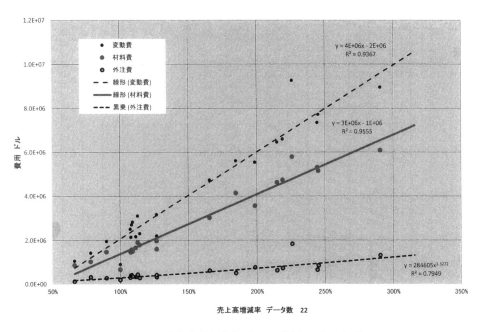

Fig-77　変動費経年変化（ファブリケーション1）

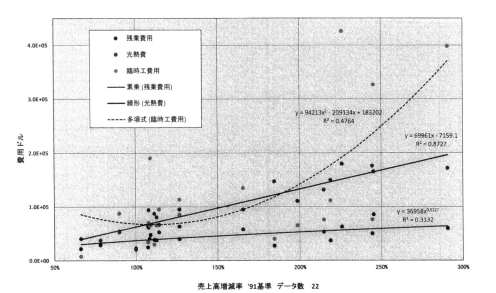

Fig-78　変動費経年変化（ファブリケーション2）

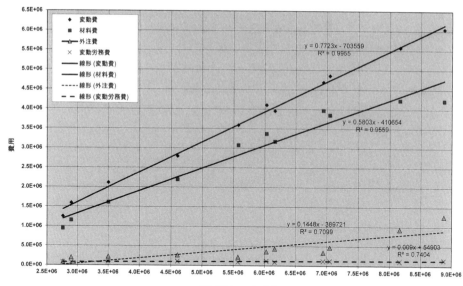

Fig-79　変動費経年変化（チューブ部門1）

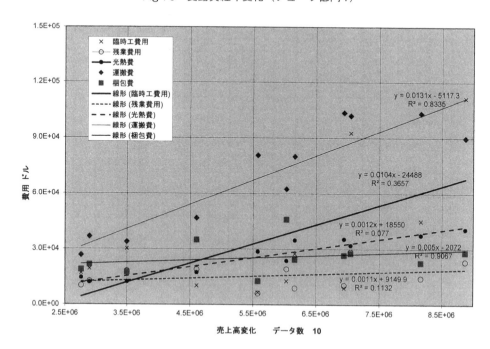

Fig-80　変動費経年変化（チューブ部門2）

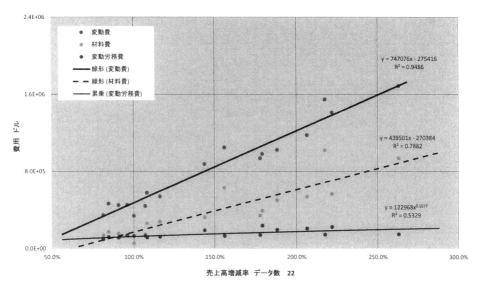

Fig-81　変動費経年変化（溶接部門1）

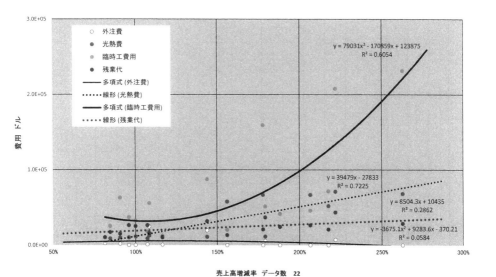

Fig-82　変動費経年変化（溶接部門2）

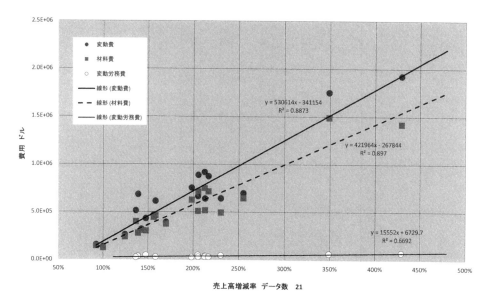

Fig-83　変動費経年変化（レーザー部門1）

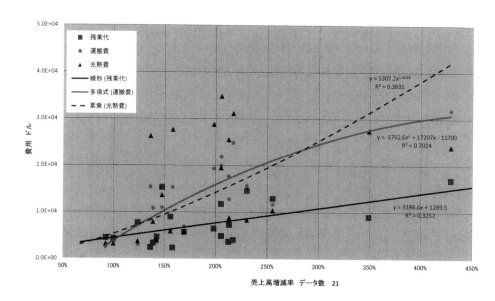

Fig-84　変動費経年変化（レーザー部門2）

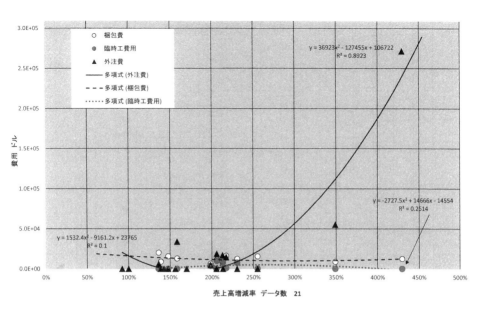

Fig-85　変動費経年変化（レーザー部門3）

　原因として考えられるのは、1つは「仕事が多品種少量生産である」ことでしょう。塗装色の変更に時間がかかるため、変更の多い時と少ない時では、生産性に大きな差が出るのです。

　2つ目の理由として、雇用策があります。零細中小企業の社員採用は、（1）新聞等での募集、（2）社員、客先等による縁故採用、（3）失業保険事務所の紹介、（4）飛び込み、が一般的ですが、その他として当社が採用していた方法が、人材派遣会社からの派遣社員の長期雇用です。人材派遣会社との契約で、派遣社員を継続して3ヵ月以上雇用すれば、その後は派遣社員と直接採用交渉することができます。この3ヵ月の間に、本人の能力・技量、意欲、人間性等を観察し、採用の可否を考えます。粉体塗装部門に派遣されてくる人材はいわゆる「雑工」ですが、重要な人材雇用手段となっているので、この影響もデータのバラつきに関係していると思われます。

175

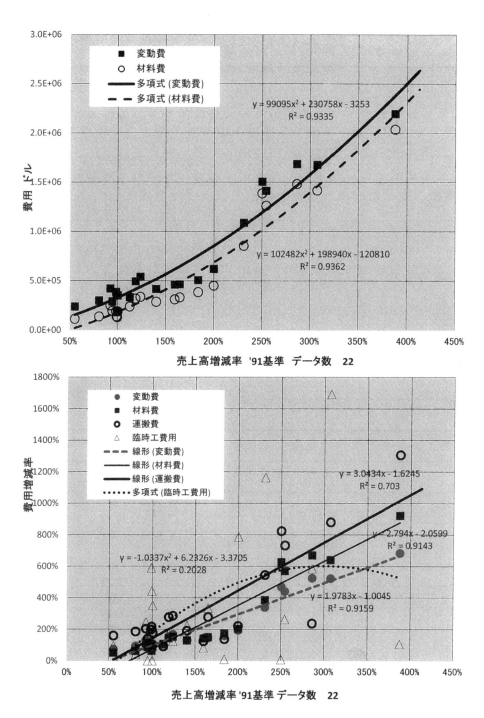

Fig-86　変動費経年変化（粉体塗装部門１）

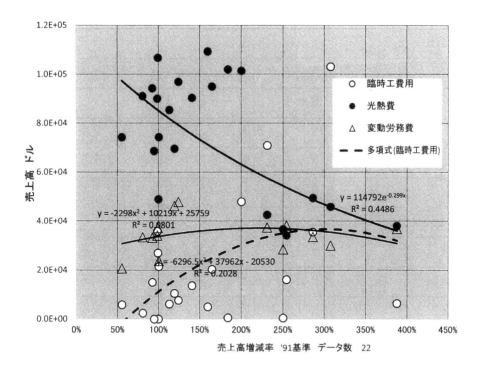

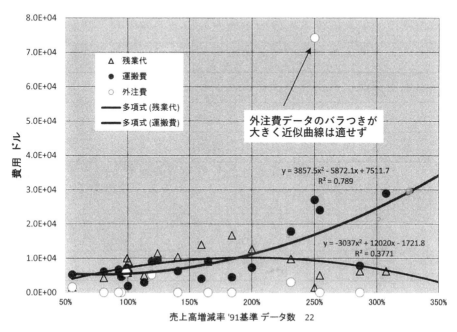

Fig-87　変動費経年変化（粉体塗装部門2）

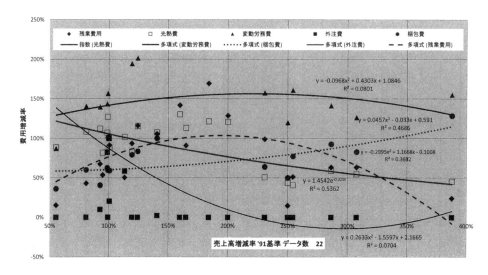

Fig-88　変動費経年変化（粉体塗装部門3）

　項目⑫工場経費傾向分析をFig-89に示します。占有施設費は固定費的に挙動し、間接労務費、非配賦製造労務費、品質管理費、副資材費、光熱費、雑費／コンピューター費用等は変動費的に挙動しています。

　項目⑬光熱費傾向分析のグラフFig-90で分かったのは、粉体塗装部門では売上の増大に伴って光熱費が下がっているということです。これは2006年頃に粉体塗装の塗装ブースを最新のものに変更したのが大きな原因と考えられます。それ以降の費用は、固定費要素の強い変動費として挙動しています。

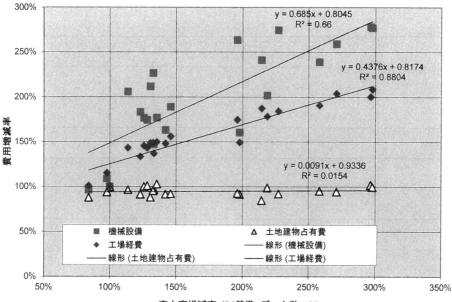

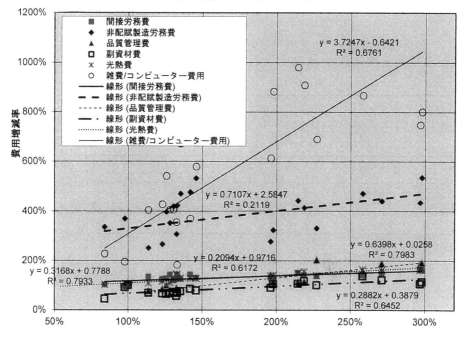

Fig-89 工場経費経年変化

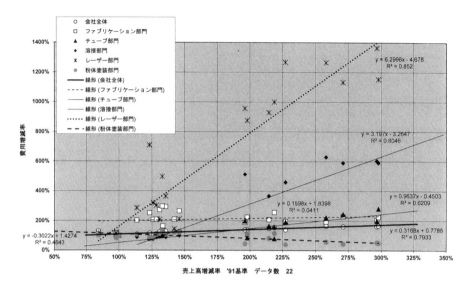

凡例:
- ○ 会社全体
- □ ファブリケーション部門
- ▲ チューブ部門
- ◆ 溶接部門
- ✕ レーザー部門
- ● 粉体塗装部門
- ── 線形 (会社全体)
- ---- 線形 (ファブリケーション部門)
- ── 線形 (チューブ部門)
- ── 線形 (溶接部門)
- ‥‥ 線形 (レーザー部門)
- ─ ─ 線形 (粉体塗装部門)

$y = 6.2998x - 4.678$
$R^2 = 0.852$

$y = 3.197x - 3.2647$
$R^2 = 0.8046$

$y = 0.1598x + 1.8398$
$R^2 = 0.0411$

$y = 0.9637x - 0.4503$
$R^2 = 0.6209$

$y = -0.3022x + 1.4274$
$R^2 = 0.4643$

$y = 0.3168x + 0.7788$
$R^2 = 0.7933$

縦軸: 費用増減率
横軸: 売上高増減率　'91基準　データ数　22

Fig-90　光熱費経年変化

　項目⑭安定性傾向分析のグラフをFig-91 ～ Fig-94に示します。当該年度を見ると、すべて基準値を上回り、良好な状態にあります。また、時系列で見ても数値の大きな上下動はなく、安定的に改善方向に向かっているのが分かります。このことから、会社の業務実績結果は大変安定性高く推移していることが分かります。

　Fig-91にある「総資産に対する銀行ローン比率　30％以下」「自己資本に対する負債比率　100％以下」「自己資本に対する固定資産比率　100％以下」が、最初の5年間で大きく変化しているのは、この5年間で借入金の返済、固定資産の整理整頓（機械設備を含む）をし、財務体質改善に努めた結果であり、Fig-92にある「流動比率」も「当座比率」も大きく改善されたと考えますが、大きな設備投資（1 ～ 2億5000万円程度）の財務的影響も最小限に抑えながら、比較的安定した指標となっていると思います。

180

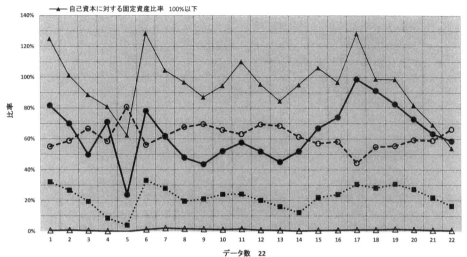

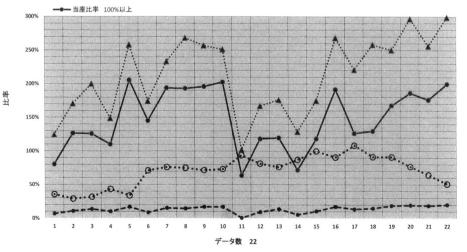

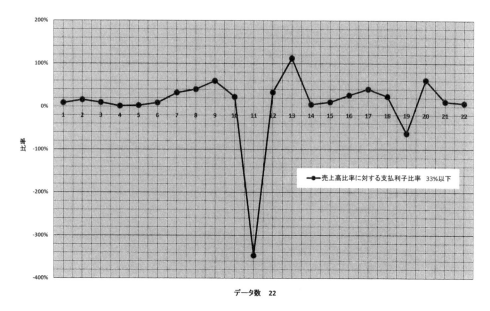

Fig-93　安定性経年変化3

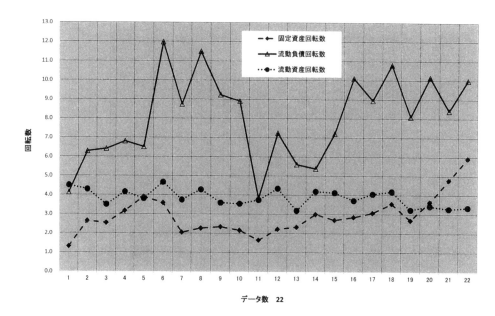

Fig-94　安定性経年変化4

　金融機関は、零細中小企業にはなかなか必要資金を貸してくれませんので、自己資本による「無借金経営」に向けた最大限の努力が企業存続の土台になります。この意味で、財務指標の安定的漸進が求められます。

　項目⑮生産性傾向分析は、Fig-95 ～ Fig-99にそのグラフを示しました。

　Fig-96の売上高に対する人件費比率グラフでは、売上高が約3倍になると人件費比率が60％に下がることが示されています。一方、売上高が約3倍になれば、1人当たりの人件費は2倍になること、1人当たりの売上高も3倍になること、売上高に対する人件費比率が約50％低下したことが、Fig-97から分かります。

　Fig-98の生産性経年変化グラフによると、1人当たり経常利益、1人当たり付加価値額、1人当たり機械設備資産額は、売上高の増加に対応して増加していますが、製造付加価値額は逆に減少しています。

　製造付加価値額は、中小企業庁の計算式（付加価値額＝売上高－外部購入価値額）で計算されているので、原因は受注金額が安いか、外部購入費が増大しているかのどちらかと考えられますが、地道な検討で理由を見つける必要があります。しかしながら、実際には付加価値額（製造加工高）は売上増に対応して増加していますが、売上高の上昇率に比べてその増加率が小さいために、百分率でグラフ化した場合にあたかも付加価値が減少しているように見えるのかもしれません。

　また、1人当たりの利益、人件費、売上高を示したFig-100のグラフの近似曲線は、どれも決定係数R^2値が小さく、かろう

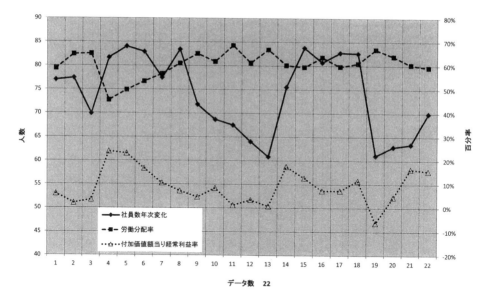

Fig-95　生産性経年変化１

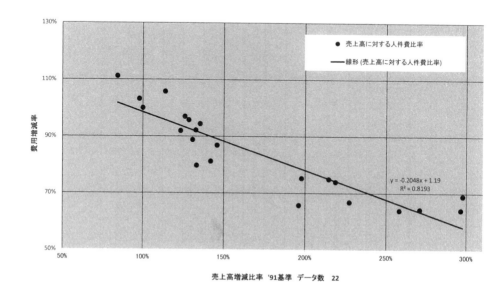

Fig-96　生産性経年変化２

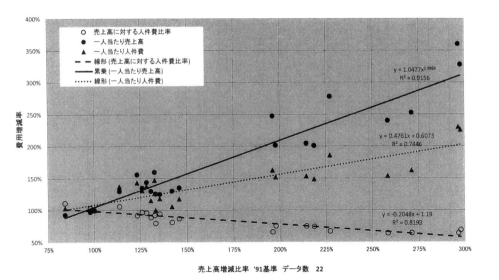

Fig-97　生産性経年変化3

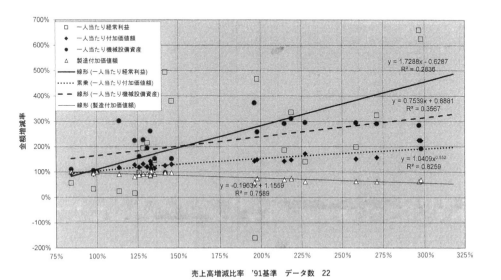

Fig-98　生産性経年変化4

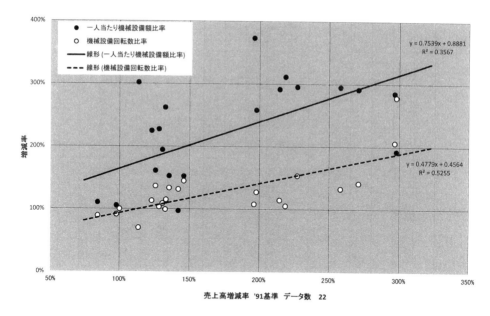

Fig-99　生産性経年変化5

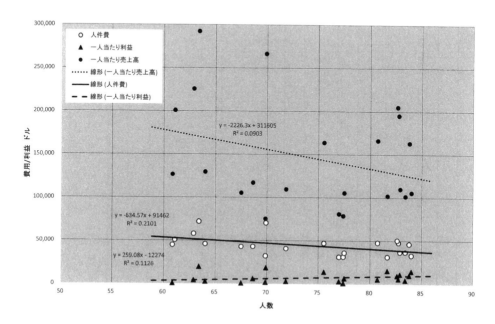

Fig-100　一人当たりの利益／人件費／売上高

じて相関関係が認められると思われる人件費を除いては、いずれ
も近似曲線の意味の正当性は説明できません。ただ推測として、
社員数が増えれば1人当たりの売上高が減るであろうこと、1人
当たりの利益は増加するかもしれない（生産効率が向上する？）
ことがあり得るかもしれません。大雑把にですが、60 〜 85人の
社員数で、1人当たり売上高は約13 〜 17万ドル、1人当たり人件
費4 〜 5.5万ドル、1人当たり利益は約0.5 〜 1.5万ドルの範囲に
あると推定し得ると思えます。

　以上のように、毎年の業務実績を、当該年度の実績結果ばかり
でなく、当該年度を含む時系列実績結果としてまとめて詳細な分
析を行い、年次業務計画（予算書）に反映させていくという地道
な手法をとることによって、着実な業務改善を、意識することな
く日々の実践として実施してきたために、28年にわたって不十
分ながらも生き永らえ、業務を維持発展させることができたので
はないかと思っています。

「年間予算書」で管理する理由

　業務の遂行にあたっては、通常いわゆる「実行予算書」なるも
のが作成されるのが一般的と言われていますが、私どもでは当該
年度の「年間予算書」という大枠ですべてを管理し、個別物件ご
との「実行予算書」は作成しませんでした。これには理由があり
ます。
　Fig-101「製造指示書作成費用」を見ていただければ一目瞭然

でしょう。24年間のデータによれば、平均年間売上高約1,160万ドル（12億7600万円）で、年間6,700件（月次で560件、1日28件）の製造指示書を作成しなければならず、しかも1件当たり売上高は1,784ドル（20万円）、担当者数は6.2人です。

　この製造指示書には、費用を除くすべての必要事項、製作数、材料仕様、使用機器、使用プロセス、製作図面、検査基準、特別注意等々が網羅されています。このように仕事が非常に細かいため、個別に実行予算を作成することには無理があると考えられるので、年間予算書による大枠管理の形態をとっているのです。他の業者も同じようにしているかどうかは不明です。

データ	売上高	製造指示書作成数	担当者数	1件当たり売上高	1人当たり指示書作成数	1件当たり指示書作成時間	技術部総人件費	1件当たり指示書作成費	指示書1件当たり1時間当たり費用
24件平均	$11,585,678	6,646	6.2	$1,784	1,069	1.69	$292,526.69	$45.61	$27.35

技術部の総人件費は売上高の2.6%、営業一般管理費の13.9%をしめる。

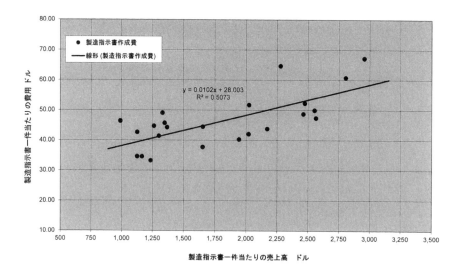

Fig-101　製造指示書作成費用とそのグラフ

利益の配分は？

　会社が稼ぎ出す営業利益の処分は会社に関係する人々の大きな関心事の一つです。会社は内部留保を、株主は配当を、従業員は賞与をそれぞれ期待しています。これらのステークホルダーの利益、関心を平等、公平に満足させなければなりません。

　特に従業員の賞与についてはアメリカの中小零細企業の常識（?）、「賞与は役員だけ、あるいは役員と管理職だけ」をどう扱うかは大きな問題でした。会社の業績には関係なく12月に全員に配布されるお祝いの「数十から200 ～ 300ドルのクリスマスボーナス」が一般的だからでした。

　そこで大変乱暴なことですが何の理論的背景もなく、簡潔に「想定税引き後利益の1/3は会社内部留保に、1/3は株主配当に、1/3は役員と管理職と一般従業員の賞与及び確定拠出年金401Kの補助金にする」と決めました。

1. 税引き後利益が見込めるときには賞与が支給されるが賞与対象者は全従業員とし派遣社員は除く
2. 賞与は12月の第2週の金曜日に支給すること（会社の会計年度は1月から12月）
3. 支給額は半月分給与を基準とするが利益の高に応じて上下するものをする
4. 業績貢献度を査定し賞与額に反映する

　簡単なルールですが以上の四つの基準に基づいて、何はともあれ試行錯誤的に支給が始まりました。

　一般従業員は常識として自分たちには賞与はないと思っていま

したから従業員に与えた衝撃は大きなものでしたし、自分たちの仕事が会社の利益、賞与に直接関連すると知り、働く意欲の大きなインセンティブとなったようでした。また支給が何かと物入りのクリスマスシーズンの12月である点も従業員の喝采を受けた理由でした。

　労働分配率60％を経営指標の一つにしておりましたので（Fig-95　生産性経年変化1〈184頁〉を参照）、これらの利益処分方法も会社の業績を向上させた理由の一つとなったと考えています。労働分配率も初期の数年を除いてはおおむね60％以上を安定的に推移していたので経営的には成功と言えるのではないでしょうか。

第6章

余録MEMO

余録 1

　日本人が信じ込んでいるように思える、

「アメリカ人は働かない。だから経済が停滞しているのだ。日本人は働き過ぎだ。長時間労働が当たり前なのはよくない。労働時間を短縮し、休日を増やすべきだ。雇用の流動化は絶対だ」

　そんな議論やキャンペーンがたくさんあり、「私たちは働き過ぎだ！」という意識を自然に植え付けられ、それが今現在も続いているように思います。

　しかし、アメリカ人は本当に働かないのでしょうか？　私の答えは、「アメリカ人はよく働く」です。

　第4章内の「5.　人員配置／費用計画書」にも書きましたが、零細中小企業で当たり前の年間労働日数、時間は253日、2,024時間です。ここから有給休暇日数／時間、通常5 〜 20日／ 40 〜 160時間を差し引くと、賞味労働日数／時間は233 〜 248日／ 1,864 〜 1,984時間となりますが、これらがアメリカにおける標準的な中小零細企業の残業時間を含まない年間労働日数／時間と言えるのではないでしょうか。

　当社では雇用を守る観点から、製造担当社員には定時労働時間に対してある程度の時間外労働をお願いしています。これはレイオフを極力避けるための一つの方法です。

　一般的に残業費用については、通常残業は時給50％増、休日祝日労働は100％増ですから、企業は残業を避け、一時的に足りない労働時間は派遣労働者を雇用して費用増大を防ぎ、閑散期には躊躇なくレイオフをしてコストの削減を図るのが労務費管理の一般的な手法です。

　私どもはあえてコストのかかる方法で対処しているのです。その理由は簡単です。「レイオフをせずに現場にある無形な力と能力を創出し現場力を向上させる」ためです。こうすることにより製造に関する品質や作業効率や安全の問題が改善されていくのです。

　Fig-20（72頁）にあるように、ある年の総労働時間は1,880 〜 2,503時間、平均2,363時間でした。私どもの社員平均勤続年数は7.8年ですから、その有給休暇日数は15日になります。従って、想定年間労働日数／労働時間は、238日／ 1,904時間に対して、実績値はFig-20にあるように平均して2,300 〜 2,500時間です。有給休暇を100％消化しているにもかかわらず、想定労働時間以上に働いているのです。

　もちろん業務の閑散期もありますが、この時も定時勤務をお願いし閑散期だからという理由で従業員をレイオフしたり時短を行うことはありません。

余録２

　アメリカでは「雇用の流動化」はほぼ完璧にできていて、人々はより良い雇用条件を求めて職場を変えていきます。他方、経営者はより良い費用対効果を求めて、必要な時だけ労働力を雇用します。すべてが自由で完璧ですね。

　私はいわゆる「レイオフ」をしたことがありませんし、社員にも「特段の事情や倒産の危機」等がない限りレイオフをしないように指示していました。レイオフを原価管理、予算管理の手段にしてはならないのですが、残念ながらそのように運用している会社もたくさんあるようです。

私どもの場合、仕事がなくて工場敷地内外の整理整頓、清掃や工場建屋の維持管理、塗装等々、社員に本来の仕事以外のことをやらせたこともありました。しかし、「レイオフをしない会社」という評判が広まると、社員の定着率も上がり、仕事への意欲も高まり、技能や生産性の向上にも貢献し、残業への拒否感がなくなり、雇用保険の料率が下がる等々、会社にとっても有益でした。零細中小企業においては日常からの「質素な経営」が求められていると思います。

余録３

　どなたにも興味があるのは創出された利益を誰に、どのくらいの額で、どのように分配するかを知ることでしょう。この件については、一般的に経営者・株主の専権事項とされ、当事者以外は一切口を挟まないのが常識とされているように思います。経営者・株主が人格的、社会的存在として評価に堪えうる場合はまだしも、独断専行を旨とするような場合は大きなトラブルの種をまき散らすことになるのではないかと思われます。

　このようなことも考慮して、私は創出利益の分配の基本を内規として決め、役員には明示しておりました。分配の基本はいたって単純で「株主、会社、社員にそれぞれ1/3ずつ配賦」するというものです。利益が創出される限り、株主・会社・社員はそれぞれのシェアを配当・内部留保・賞与として手にしますが、それぞれの配賦額は社会の一般水準に見合うように実施し、余剰が出る場合は次年度に繰り越します（189〜190頁「利益の配分は？」）。このようにしてどんぶり勘定にならないように注意を払っていました。赤字決算の場合や創出利益が小さい場合はそれぞれの留保

金から配賦額を創出しました。

　この賞与支給システムは非常に好評で、12月が近づくと社員は会社の業績を噂し合って「今年はどのくらいかな」と楽しみにしているようでした。業績の拡大に応じて「半月分の給与の基準」も「時給の上昇とともに拡張」されていきました。賞与に関する苦情は私の知る限り1件もなく、逆に「賞与をありがとう」というEメールや感謝の言葉を何度もかけられました。

余録4

　本書による業務分析はすべて年間規準で行われています。
「年間データが揃わない業務開始後数年の間の予算書は、あるいはこれから始めようと思うがデータの蓄積に5年も7年もかかるの」

　という疑問が生じる方もいると思います。

　さて、どうしましょうか。答えは簡単です。
「年間規準」で行った業務分析をすべて「月次基準」で業務分析するのです。

　そうすることにより1年間で12個のデータがとれますので、X-Y関係グラフ（例えば月次売上と月次費用の関係グラフ、関係式など）が容易に作成できます。あとは求めた月次の結果を単純に12倍することで年間結果に換算すればいいのです。

　年間規準で作るのか、月次基準で作るのか、はたまたそれらの混合で作るのかはお好みによります。実務的には最初の数年間は「月次基準で業務分析をし、それを年間規準に換算し、年間規準業務分析データがたまったところで年間規準業務分析に移行する」方法が良いのではないかと思います。

いずれにしても実用に耐えれば良しと考え、理論的な完璧さを求める必要は全くないと考えています。

おわりに

　以上が、私の経験した1991年から2018年12月までのアメリカにおける金属加工業経営の全貌です。

　振り返ってみれば、なんとも恐ろしいドン・キホーテぶりでしたが、その一方でとても充実した時間であり、適・不適は別にして「二の句が継げない」という表現がピッタリな経験だったと思います。そして大変幸いなことに、皆様の期待に反して平穏無事な退職となりました。

　会社は現在の役員と従業員に譲ることとし、28年間付き従ってくれた前オーナーの息子らに今後の経営を任せることにしました。彼らが私の下での経験を生かして、健全で永続する零細中小企業経営をしてくれることを期待しています。

　巷では難しい経営論が好まれるようですが、私にはその知恵も能力もありませんでしたので、常識を頼りにした、実績に基づく平均値経営を試みました。高邁な理想に基づく高尚な経営論は、零細下請け企業の経営風土には合わないでしょう。

　また、昨今では中小企業の生産性の悪さが国の経済の足を引っ張っているという議論が盛んなようですが、本当にそうなのでしょうか？　規模を大きくすればコストが下がって生産性が上がるならば、国営企業がベストですね。どうして国有化しないのでしょうか。

　人は皆、幸せなら一生懸命に働くのです。レイオフなどせず、ボーナスが誰にでもそれ相応に出るようになれば、そう、従業員

が「自分たちは大切にされている」と感じてくれさえすれば、皆一生懸命に働いてくれますし、従業員の定着率も技量も、成果も上がっていきます。かような経営、事業環境をつくり出すのも経営者の大切な使命ではないでしょうか。

　経営の基本計画が、不十分ながらも遵守でき、次の世代に引き渡せたことは幸せなことだと感じています。

　日本でも自然体の本音経営が増えることが望まれ、期待されています。

完

著者プロフィール

髙橋 紹明（たかはし つぐあき）

1942年、千葉県生まれ
大学卒業後、国内、海外に遊学
断熱工事会社にて産業設備の保冷工事に従事
1991 〜 2018年、アメリカにて鉄工所経営
2019年6月リタイヤ、帰国

アメリカビジネス28年 私の仕事 こんなこともあった

2023年8月15日　初版第1刷発行

著　者　髙橋 紹明
発行者　瓜谷 綱延
発行所　株式会社文芸社
　　　　〒160-0022　東京都新宿区新宿1−10−1
　　　　　　　　　　電話 03-5369-3060（代表）
　　　　　　　　　　　　 03-5369-2299（販売）

印刷所　図書印刷株式会社

ISBN978-4-286-22658-3